과학자들의 대결

과학자들의 대결

초판 1쇄 인쇄 _ 2016년 1월 20일
초판 1쇄 발행 _ 2016년 1월 27일

지은이 _ 조엘 레비
옮긴이 _ 최가영

펴낸곳 _ 바이북스
펴낸이 _ 윤옥초
책임편집 _ 김태윤
편집팀 _ 도은숙
책임디자인 _ 이민영
디자인팀 _ 이정은

ISBN _ 979-11-5877-004-4 03400

등록 _ 2005. 7. 12 | 제 313-2005-000148호

서울시 영등포구 선유로49길 23 아이에스비즈타워2차 1005호
편집 02)333-0812 | 마케팅 02)333-9918 | 팩스 02)333-9960
이메일 postmaster@bybooks.co.kr
홈페이지 www.bybooks.co.kr

책값은 뒤표지에 있습니다.

책으로 아름다운 세상을 만듭니다. ― 바이북스

과학자들의 대결

지은이 조엘 레비 ｜ 옮긴이 최가영

바이북스
ByBooks

DI QVO PIVS ET

GALIENVS   IPEDA

MVNDI PRE
SENTIS SE   EXHI
                   MANE
RVMT
XPLEVENT   TVO

권위에 도전하라!

의학의 아버지로 칭송되는 갈레노스와 히포크라테스를 그린 13세기 이탈리아 프레스코화. 의학계에서 두 사람은 1,000년 넘게 절대적인 권위를 유지했다. 하지만 16세기와 17세기에 들어서자 감히 이 두 석학의 실수를 지적하면서 논란을 일으키고 불꽃 튀는 갈등을 야기한 용감한 사람들이 나타났다.

차 례

과학의 역사는 지루하다. '여러 난관을 극복하고 발견을 이루어냈으며, 영감이 풍부한 천재들의 공헌에 힘입어 무지라는 암흑에서 지식이라는 광명의 세계로 위엄 있게 걸어나왔다'는 것이 전통적인 설명이다. 이런 식의 소개는 박물관, 교과서, 교실에서 자주 접할 수 있다. 하지만 이것은 꾸며낸 이야기다. 현실을 검열해서 미화한 전형적인 빅토리아 시대의 수법인 것이다. 실제 과학의 역사는 훨씬 지저분하고 은밀하고 복잡하며 또한 더욱 더 추잡하다. 가장 초창기의 과학자 시절부터 그러했고, 오늘날에도 여전하다. 노벨상 수상자인 물리학자 리언 레이더먼Leon Lederman, 1922~은 1999년에 "과학자들은 감당하기 어려울 정도로 성자 같은 인품을 갖추고 있을 거라고들 생각할 것이다. 하지만 사실은 절대 그렇지 않다. 모든 단계에서, 즉 국제적으로도, 국내에서도, 연구 기관 간에도, 심지어 복도 건너편 동료 연구자 간에도 항상 경쟁이 이루어진다"라고 말한 적이 있다.

고대인들도 과학에서 분쟁이 불가피하다는 것을 알고 있었다. 의학의 아버지로 일컬어지는 히포크라테스Hippocrates 기원전 460~기원전 377는 기원전 4세기에 저서 《법The Law》에서 "세상에는 과학과 의견 두 가지가 있다. 전자는 지식을 낳고 후자는 무지를 낳는다"라고 했지만, 기원후 1세기에 로마 박물학자 플리니우스Gaius Plinius Secundus, 23~79는 "유일하게 확실한 사실은, 그 어느 것도 확

교황과의 대결

조제프 니콜라 로베르플뢰리의 1847년 작 〈바티칸 종교 재판소 앞의 갈릴레이〉를 판화로 제작한 작품. 갈릴레이의 과학적 아이디어는 많은 사람의 지탄을 받았지만, 그의 인생에서 재판까지 받게 되었던 것은 전 후원자였던 마페오 바르베리니, 즉 교황 우르바노 8세와 우연히 반목하게 되었을 때뿐이었다.

실한 것은 없으며 인간보다 보잘것없으면서 더 오만한 것은 없다는 것이다"라고 기술했다.

이 책에서는 과학 기술의 역사와 근대 초기대략 1500~1750년의 과학이 태동하던 무렵부터 최근의 유전체학과 인간 진화 등의 분야에 이르기까지 스물다섯 건 이상의 논쟁을 소개한다. 어떤 논쟁은 이론적 관점에 대한 분명한 의견 차이에 불과했지만, 많은 경우 긴 세월 동안 치열하게 이어졌고, 때로는 모든 것을 걸기도 했다. 그 대가는 보통 극과 극이었다. 영원한 영광과 막대한 재산을 얻거나, 인생이 몰락하기도 하고 심지어는 목숨을 잃기까지 했다. 대개는 그 과정도 볼썽사나웠고, 성공이 좌절된 사람에서 감전사한 코끼리까지 부수적인 피해도 있었다. 분쟁의 범위가 넓고 다양해 일반화하기는 어렵지만, 각각의 이야기는 나름의 방식으로 주요 과학적 논쟁의 내용뿐만 아니라 과학이 발전해가는 방식에 대해서도 흥미를 일으킨다.

분쟁은 계속된다

과학은 처음 생겨났을 때부터 분쟁이 끊이지 않았다. 그 뿌리는 연금술과 마술에 있다. 일부 연금술사와 마술사는 서로 협력했지만, 대부분은 비밀을 수호하고 타인의 노고를 폄하하며 오직 자신이 궁극의 성과, 즉 현자의 돌, 납을 금으로 바꾸는 비법, 불로장생의 영약, 고대 지혜의 복원을 거머쥐는 최초의 1인이 되기를 희망하며 홀로 고군분투했다. 자연철학은 코페르니쿠스Nicolaus Copernicus, 1473~1543, 케플러Johannes Kepler, 1571~1630, 갈릴레이Galileo Galilei, 1564~1642의 천문학적 발견들과 함께 과학계에 첫발을 내디뎠기 때문에, 당대 대가들 간의 관계가 존경과 예찬만큼이나 두려움과 혐오로 얽힌 경우가 많았다. 요하네스 케플러는 덴마크의 위대한 천문학자 튀코 브라헤Tycho Brahe, 1546~1601의 조수였지만, 두 사람은 서로 알고 지낸 짧은 기간에 적어도 한 번 이상 불화가 있었고, 또한 브라헤는 라이벌인 천문학자 우르수스Nicolaus Reimarus Ursus, 1551~1660와 치열한 논쟁186~188쪽 참고이 끊이지 않는 동시에 갈릴레이의 신랄한 멸시를 받기도 했다.

자연철학의 바통이 17세기 후반에 영국으로 넘어갔을 때에도 상황은 별반 나아지지 않았다. 아마도 모든 시대를 통틀어 가장 위대한 과학자라고 할 수 있는 아이작 뉴턴Isaac Newton, 1642~1727은 이 시기에 가장 시비 걸기 좋아하는 사람이기도 했다. "만약 내가 남들보다 멀리 볼 수 있었다면, 그것은 내가 거인의 어깨에 올라서 있기 때문이다"라는 그의 유명한 말도 진심으로 겸손하게 과학을 대하는 고귀하고 우아한 태도를 함축한 것처럼 보이지만 실은 땅딸막한 적을 향해 빈정댄 것에 불과할지도 모른다206~207쪽 참고. 왜 이렇게 과학은 치사할까? 이렇게 긴 논쟁의 역사가 과학의 본성에 대해 말해주는 것은 무엇일까?

과학도 실수한다

　과학자도 사람이다. 하지만 언론에서 과학이 묘사되는 전형적인 방식 덕분에 이 사실을 쉽게 간과하고 만다153~157쪽 참고. 과학자들이 하는 연구도 사람의 다른 일들과 마찬가지로 사회적 맥락에서 이루어진다. 과학적 아이디어 자체가 사회적 관점에서 발생하며 이러한 사회적 상황을 대표하는 경우가 흔하다. 빅토리아 시대의 과학사학은 이러한 단순한 사실을 외면하는 경향이 있었으나 최근의 과학사학자들은 과학이 사회의 관점에서만 이해될 수 있음을 인정한다. 역사적으로 다른 학문보다 논쟁을 좋아하는 두 학문 분야인 지질학 및 고생물학 교수인 토니 핼럼Tony Hallam, 1933~은 "과학자는 사심 없이 진실의 객관적인 탐구에 매진해야 한다는 빅토리아 시대의 전통적 믿음을 버리고 과학계 내에 모든 범위의 사회적 상호 작용이 과학 이론을 결정짓는 요인으로 작용한다는 사실을 반영한 덜 고결하지만 좀 더 현실적인 믿음을 받아들이기까지, 우리는 먼 길을 걸어왔다"라고 지적했다.

　그렇다면 자연스럽게 과학도 다른 여느 분야처럼 약점, 불안정성, 실수의 대상이 된다. 정치나 스포츠와 마찬가지로 성격 차이와 세력 다툼이 있고 오해와 배신이 있다. 정치와 스포츠에서 그러는 것처럼 사람들은 정상에 오르려고 하고, 많이 가진 사람일수록 더 가지려고 하고 인색하게 군다. 천체물리학자 버지니아 트림블Virginia Trimble, 1943~이 지적했듯이, "놀라운 업적을 이룬 사람치고 원만하게 어울릴 수 있는 성격인 사람이 없다. 친구들이나 주변 사람들이 이해할 만한 수준 이상으로 외골수가 되어야만 그런 성과를 낼 수 있다".

무례하고 난폭하지만 똑똑하다

　하지만 무엇보다 갈등이 없을 수 없다는 것이 과학의 본성이다. 가장 순수한 형태의 과학도 사실은 시행착오의 과정이다. 관찰과 실험을 통해 가설을 세우고, 이 가설들을 또 다른 관찰과 실험을 통해 검증하는 것이다. 가설이 증명되면 그것은 이론, 즉 세상이 어떻게 돌아가는지에 대한 '실제' 모델이 된다. 어쩌면 자연법칙이라고까지 할 수 있을지도 모른다. 하지만 가장 확실한 이론도 새로운 증거가 나타나면 수정되거나 뒤집힐 수 있다111~115쪽 참고. 이러한 과학적 방법의 이상을 바탕으로 일부 과학 이론가는 다윈Charles Robert Darwin, 1809~1882의 자연선택설을 과학 자체에 적용했다. 끊이지 않는 생존 경쟁에서 상황에 가장 잘 들어맞는 아이디어만이 살아남는다는 것이다. 과학의 본래 성격이 실제로 그렇게 전투적이라면, 갈등이 발생할 수밖에 없다. 여기에 욕심 많고 고집불통인 인간이 가세하면 예측 불허의 결과가 나온다.

과학자는 자신의 아이디어로 평가를 받으며 출세 여부가 이론, 모델, 혹은 해석에 따라 달라질 수 있다. 그래서 과학자들은 불가피하게 자신의 견해를 적극적으로 주장하고, 의견이 상충하는 사람들을 반대한다. 게다가 현대 과학에는 연구비 확보 경쟁, 연구 실적에 대한 압박, 학계 내의 정치와 같은 많은 심화 요인이 개입된다. 아마도 논쟁이 과학의 가장 기본적인 상태이고, 협력과 화합은 기대할 수 없는지도 모른다.

다윈의 영국산 불도그
《배니티 페어》 1871년 발행본에 수록된 T. H. 헉슬리의 캐리커처. 헉슬리는 당대 가장 호전적인 과학자 중 한 사람이었으며 다윈의 편에 서서 적극적으로 다윈을 옹호했기 때문에 '다윈의 불도그'라는 별명을 얻었다.

chapter 1

지구과학 분야

켈빈		라이엘, 다윈, 헉슬리
베게너	VS	제프리스
윌리엄스		슈에

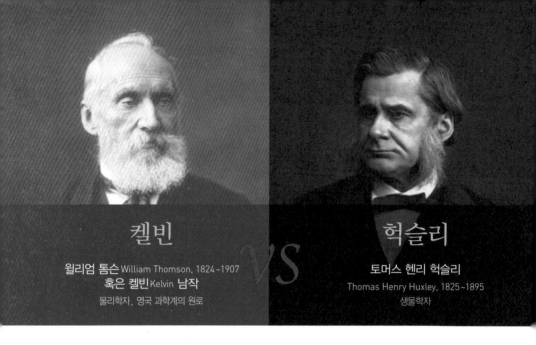

켈빈

윌리엄 톰슨 William Thomson, 1824~1907
혹은 켈빈 Kelvin **남작**
물리학자, 영국 과학계의 원로

VS

헉슬리

토머스 헨리 헉슬리
Thomas Henry Huxley, 1825~1895
생물학자

분쟁 기간 1861~1904년　**분쟁 원인** 지구의 나이에 관한 논쟁

그 외 분쟁자 찰스 라이엘 Charles Lyell, 1797~1875, 지질학자
찰스 다윈 Charles Darwin, 1809~1882, 박물학자

　　뉴턴과 같은 초기 과학자들은 일반적으로 천지 창조에 관한 성서의 내용이 쓰여 있는 그대로 진실이므로 성서 속의 연대를 이용해 지구의 나이를 계산할 수 있다고 믿었다. 이를 토대로 뉴턴은 약 6,000년이라는 계산에 도달했지만, 아마 Armagh 주의 대주교인 영국계 아일랜드인 제임스 어셔 James Ussher, 1581~1656는 천지 창조가 기원전 4004년 10월 23일 일요일 아침에 시작되었다고 결론을 내렸다.

헤아릴 수 없이 긴 지질학의 시간

18세기에 지구가 어떻게 생겼는지를 연구하는 새로운 과학 분야인 지질학이 탄생하기 전까지는 어셔의 1654년 계산이 대세였다. 하지만 이 신생 과학의 연구자들이 보기에는 이들이 관찰한 과정과 현상들은 성서의 기록을 바탕으로 한 수천 년이 아니라 훨씬 큰 시간 단위로 이루어진 것이 틀림없었다. 암석의 퇴적, 지층과 산맥의 융기와 습곡, 계곡과 절벽의 침식이 모두 아주 오랜 시간 동안 천천히 진행되는 과정임을 말해주었다. 지금은 지구 상에 사라지고 없는 기이한 형태의 화석이 발견된 것도 그 사이에 오랜 시간이 지났음을 시사했다. 실제로, 유명한 《지질학 원론Principles of Geology》의 저자인 찰스 라이엘과 같은 지질학자들은 암석의 생성과 침식 과정이 사실상 계산할 수 없을 정도의 긴 시간 동안 이루어지고 있다고 여겼다. 무한한 시간이 아니라면 수십억 년일 터였다.

한편에서는 지구의 나이에 관한 문제에 다른 각도로 접근했다. 박물학자들은 동식물 종이 어떤 형태의 진화를 통해 변화해왔는데 이러한 변화 과정이 매우 느리게 진행되었기 때문에 지구의 나이가 아주 많다는 독자적인 증거가 된다는 확신을 굳히고 있었다. 라이엘이 확대시킨 지질 연대의 규모를 주장의 골자로 하여 다윈은 1859년에 저서 《종의 기원On the Origin of Species》을 출간하고 이 책에서 "《지질학 원론》에 적힌 찰스 라이엘의 위대한 연구를 읽고도 얼마나 상상을 초월할 정도로 긴 시간이 흘러갔는지 인정하지 못하는 사람은 지금 당장 이 책을 덮어도 좋다"라고 경고했다. 다윈은 이 기간이 얼마나 오래되었는지를 설명하기 위해서 영국 남동부의 지질학적으로 특징적인 지역인 월드Weald 지역이 대양에 의해 침식되는 데 걸리는 시간을 약 3억 년으로 추산해놓았다.

유명한 켈빈 경이 긴 시간을 반대하다

이렇게 큰 숫자는 당시의 많은 사람에게 영원과도 같았기에 라이엘과 다윈을 동일과정설이라는 지질학 학파의 지도자로 보았다. 동일과정설의 견해 중 극단적인 경우는 지구는 실질적으로 영원히 존재해왔으며 앞으로도 당연히 그럴 것이고 지질학적 과정들은 지형의 창조와 파괴를 통해 끊임없이 순환한다고 주장했다. 라이엘과 다윈은 이러한 극단적인 견해를 취하지는 않았지만, 이 영원한 순환 이론이 불가능함을 증명한 한 남자에게 분노의 표적이 되었다.

과학자로서는 최초로 1892년에 라그스Largs의 켈빈 남작이라는 귀족 작위를 받음으로써 그 후 '켈빈 경' 또는 켈빈으로 불리는 윌리엄 톰슨은 다른 업적도 많지만 무엇보다 열역학 법칙을 정립한 인물이다. 열역학이란 간단히 말해서 무無에서 에너지가 생겨날 수는 없으며 어느 계에서든 에너지는 분산되는 경향이 있다는 것이다. 이것은 영구적으로 작동하는 기계는 있을 수 없으며 극단적인 동일과정설이 주장하는 영원한 순환과 영속하는 지구는 현실적으로 불가능함을 뜻한다. 켈빈은 이러한 동일과정설을 인정하지 않았다.

켈빈은 1862년 3월에 〈태양열의 나이On the age of the sun's heat〉라는 논문 한 편을 발표했는데, 여기에서 태양이 타오른 지는 100만 년보다 오래되지 않았다고 계산했다. 그리고 '월드 지역이 3억 년 동안 침식되어왔다는 지질학적 추측을 어떻게 생각해야 하는가'라는 질문을 던졌다. 그가 추정한 태양의 나이는 정확하지는 않더라도 '잘 알려진 물리학 법칙'에 근거한 것이라고 했는데 다윈이 계산한 숫자보다 자릿수가 적었다. 이에 대해 그는 풍랑이 몰아치는 바다와 해협의 사나운 조류 때문에 지형 침식이 일어날 수도 있는데 박물학자들이 그 침식 속도를 너무 느리게 추정한 것 같다고 제시했다.

켈빈은 열역학 분야에서 세계 최고의 권위자 중 한 사람이었다. 그는 먼저 몇 가지를 가정했다. 지구는 처음에 암석이 용융된 상태의 구체였을 것이다.

그의 열역학 법칙에 따르면 일단 생성된 계에는 새로운 열이 더해질 수 없다. 그런데 맨틀 대류 덕분에 이 액체 상태의 구체가 균일하게 냉각되어 균일한 온도의 고형 구체가 될 수 있었고 그다음에 나머지 열이 지구 표면에서 우주 밖으로 방출되었다는 것이다. 땅속 깊숙이 들어갈수록 50피트당 약 화씨 1도[15미터당 섭씨 0.5도]씩 온도가 높아진다는 것은 채굴을 통해 널리 알려진 사실이다. 켈빈은 암석의 열 전도성을 측정하는 실험을 독자적으로 수행하고, 푸리에 Jean Baptiste Joseph Fourier, 1768~1830의 수학 지식을 총동원해 지구가 현재 온도로 식으려면 얼마나 오래 걸리는지 밝혀내고자 했다. 그리하여 마침내, 최소 2,000만 년에서 최대 4억 년까지의 범위 안에서 9,800만 년이라는 추정에 도달했다.

연대기

버스 운전사: 사람들한테 동전을 발굴했다는 이야기를 들었어. 그런데 그곳에 묻힌 지가 400년인지 500년인지가 문제라더군!

친구인 손님: 그건 아무것도 아니야! 왜 대영박물관에는 2,000년이 넘은 것들도 있다잖아!

버스 운전사: (잠시 침묵하다가) 맞아 조지, 그럴 리가 없어! 너도 알다시피 우리는 현재 1869년에 살고 있잖아!

연대의 혼란
1869년 풍자 잡지 《펀치》에 수록된 만화. 지구의 나이를 확인하기 위한 근거로 성서를 사용하는 것을 풍자했다.

다윈이 켈빈이라는 불에 손가락을 데다

두루뭉술한 사고방식 때문에 갈피를 잡지 못하던 분야에 '확실한' 과학과 '순수' 수학을 적용했다는 점과 그의 명성 덕분에 켈빈의 계산은 엄청난 지지를 받았다. 존경받는 성숙한 과학 분야인 물리학이 갓 탄생한 지질학의 기본을 바로잡아준 셈이다. 다윈은 현실을 수긍하고 연대를 훨씬 길게 보았던 자신의 이론보다 켈빈이 제시한 지구 나이 추정치를 가장 중요하고 믿을 만한 주장으로 인정했다. 과학자 플리밍 젱킨Fleeming Jenkin, 1833~1885은 이 주장을 "지질학자들이 추정한 연대는 더 정확한 계산법 앞에서 무릎을 꿇어야 한다. 진화에 의한 변이가 일어나기에는 이 세상에 생물의 생존이 가능한 상태였던 기간이 턱없이 짧기 때문이다"라고 요약했다. 다윈은 켈빈을 '최대의 골칫거리'이자 '끔찍한 유령'이라고 불렀다.

다윈은 난관에 봉착해《종의 기원》제3판에서 윌드 지역에 관한 계산 자료를 빼버렸지만, 켈빈과 그 동조자들의 비난은 가라앉을 줄을 몰랐다. 다윈은 1869년 4월 라이엘에게 비유적인 경고를 보냈다. "윌드 때문에 손가락을 너무 심하게 데어서 자네가 걱정이네. 부디 손가락을 조심하게나. 나처럼 심하게 데면 아주 불쾌하니까."

공식이 맞다고 정답은 아니다

다윈은 겁을 먹었는지도 모르지만, 다윈의 보호자를 자청한 토머스 헨리 헉슬리가 그를 대신해 결투에 응할 만반의 준비가 되어 있었다42~51쪽 참고. 헉슬리는 1869년 영국 지질학회Geological Society of London의 의장 연설에서 '지구가 더 늙었다'는 견해를 옹호하며 다음과 같은 말로 켈빈의 이론에 근본적인 결함이 있음을 지적했다. "수학은 정교한 기술을 갖춘 제분소에 비유할 수 있습니다. 이 공장에서는 어떤 것이든 원하는 정도로 곱게 갈아낼 수 있지요. 하지만, 무엇이 나오느냐는 무엇을 넣느냐에 달렸습니다. 이 세상에서 가장 큰 제분소라고 할지라도 콩깍지에서 밀가루를 만들어내지는 못합니다. 마찬가지로, 공식이 길다고 해서 엉성한 데이터에서 확고한 결과가 나오지는 않을 것

> "켈빈은 과학계의 현존하는 최고 권위자이니,
> 그에게 굴복하고 그의 견해를 따라야 할 것입니다."
>
> – 마크 트웨인, 《지구로부터의 편지》, 1909년

입니다." 다시 말해, 켈빈의 계산은 흠잡을 데 없을지 모르나 기본 가정이 틀렸다면 결론도 틀릴 것이라는 이야기다.

이때를 기점으로 과학계는 켈빈과 헉슬리의 편으로 양분되기 시작했다. 물리학자 P. G. 테이트Peter Guthrie Tait, 1831~1901가 새로운 방법을 사용해 태양은 약 2,000만 년 전에 생겼고 지구는 1,000만 년에 불과하다고 계산해내기도 했으나, 라이엘은 《지질학 원론》 제10판에서 지구의 나이가 유한하지만 캄브

다코타 주의 배드랜드
이곳은 한때 내해의 해저였는데 지금까지 영겁의 침식 과정을 통해 암석층이 드러났다. 아니면 노아의 홍수 때문이었을까?

리아기의 연대가 약 2억 4,000만 년 전으로 거슬러 올라간다고 주장했다. 많은 과학자가 진화 과정과 지형 변화가 꽤 빨리 진행되었음을 가정하고 켈빈이 추산한 시간 척도 내에서 절충점을 찾으려 했으나, 양측 모두 옳을 수는 없다는 것이 점점 분명해졌다. 누군가는 기본적인 실수를 저지른 것이었다.

지구물리학자인 오즈먼드 피셔Osmond Fisher, 1817~1914는 실수한 것은 켈빈 쪽이라며 일정 형태가 있는 기층 위를 얇은 표층이 덮은 새로운 지구 구조 모델을 제안했다. 이 모델은 켈빈이 계산의 기본 가정으로 삼았던 내용을 완전히 뒤엎은 것이었다. 피셔는 한 술 더 떠서 지질학과 생물학의 명백한 증거를 무시하는 것은 일종의 과학적 오만이라고 지적하기까지 했다. "수리물리학자들이 과학에서 결론을 찾아내는 데 근거가 되는 현상들을 무시하고 계산해서 나오는 숫자가 지질학적 사실과 일치할 타당한 가설을 찾는 대신, 어떤 강력한 분석 방법의 위기를 수습하기에 적절한 가설을 정해놓고 그 가설에서 결과를 도출해 그 힘을 등에 업은 채 당황한 지질학자들이 그토록 확신하던 증거를 믿지 않게 될 때까지 방관하는 것 같아서 너무나 애석하다."

사실 수리물리학자들은 '진정한 과학자'로서 지구의 나이에 대한 의문을 풀어가는 과정에서 과학의 기본 규칙을 저버리고 있었다. 사실이 이론과 맞지 않으면, 사실을 부인하는 것이 아니라 반대로 그 이론을 고치거나 버려야 한다는 규칙 말이다.

새로운 열원을 발견하다

반대의 목소리가 높아가는 가운데, 켈빈은 어떻게든 대응해야 한다는 압박을 받았다. 1897년에 드디어 빅토리아 연구소Victoria Institute에서 열린 '생명이 번성하기에 적합한 거주지로서 지구의 나이'라는 제목의 강연에서 연설하게

지구의 나이를 알아내는 법

주로 세 가지 방법이 있는데, 모두 암석에 함유된 방사성 동위 원소의 비율을 비교함으로써 암석의 연대를 측정한다^{방사성 동위 원소 연대 측정법}. 현재까지 지구에서 발견된 가장 오래된 암석은 약 39억 년 정도 된 것이고, 어떤 암석에서는 더 오래된 무기질도 발견되었다^{약 42억 년}. 이것을 지구 나이의 상한치가 아닌 하한치로 잡는다. 지구가 용융된 상태였다가 침식과 지각 순환의 과정을 겪은 결과로 최초의 지구 표면이 지금까지 남아 있지 않기 때문이다.

지구의 나이를 더 직접적으로 계산하는 방법은 태양계의 모든 암석 물질이 같은 재료, 즉 먼지와 가스가 납작하게 응축된 거대한 고형 물질로부터 동시에 생성되었다는 가정을 바탕으로 한다. 서로 다른 우라늄 동위 원소는 서로 다른 납 동위 원소로 분해되기 때문에, 지구 암석과 운석에 들어 있는 이 동위 원소들의 비율을 측정해 수치로 그래프를 그리면 처음에 하나였던 덩어리가 각각의 물질로 떨어져 나가기까지 경과한 시간을 계산할 수 있다. 이 방법을 납 아이소크론^{isochron} 연대 측정법이라고도 하는데, 간접적 측정 방법인 운석^{우주로부터 떨어진 소행성} 방사성 동위 원소 연대 측정법과 마찬가지로 지구의 나이가 약 45억 5,000만 년으로 계산된다. 소행성은 지구와 달리 지질학적 과정을 겪지 않으므로 태양계의 생성까지 거슬러 연대를 추정할 수 있을지도 모른다. 지금까지 약 100여 개 운석의 연대가 측정되었으며, 결과는 모두 약 45억 년이었다.

되었는데, 많은 사람이 그가 자신의 견해를 수정하거나 철회할 것이라고 기대했다. 하지만 켈빈은 전보다 더 독단적이고 완고한 태도를 보였으며, 지구의 최대 나이를 2,400만 년으로 고치고 '확실한 진실'이라고 당당하게 말했다.

켈빈에게는 안된 일이지만, 지구가 생겨날 때는 적은 양의 열에너지만 있었고 그때부터 쭉 열이 방출되었다는 그의 기본 가정을 무효화시킬 새로운 발견이 곧 이루어졌다. 1896년에 방사능이 발견된 것이다. 1903년에 프랑스 화학자 피에르 퀴리Pierre Curie, 1859~1906는 암석의 방사능 물질이 열을 발생시킨다는 성질이 지질학적으로도 중요한 의미가 있을 수 있음을 깨달았다. 이 듬해 신세대 물리학자의 최고봉인 어니스트 러더퍼드Ernest Rutherford, 1871~1937가 영국 왕립연구소Royal Institution of Great Britain에서 열에너지원으로서의 라듐과 방사능 물질을 주제로 강연을 했다. 그는 청중석에 켈빈이 앉아 있음을 눈치 채고, 지구의 나이에 관한 강의 마지막 부분이 그의 견해와 상충하므로 문제가 되리라는 것을 직감했다. 훗날 러더퍼드는 그때의 상황을 이렇게 회고했다. "다행히도 켈빈은 곧 꾸벅꾸벅 졸기 시작했지만, 강의가 핵심 부분에 이르자 그 노친네가 꼿꼿이 앉아서 눈을 똑바로 뜨고 나를 잡아먹을 듯한 눈길로 노려보는 것이 아닌가! 그때 갑자기 영감이 떠올라 나는 켈빈이 **새로운 열원이 발견되지 않는다는 조건을 전제로 지구의 나이를 제한했다**는 점을 지적했다. 이 예언적인 말은 이날 저녁에 강의에서 다룬 것을 가리킨 것이었다. 바로 라듐 말이다! 그러자 켈빈이 나를 향해 미소를 지었다."

켈빈은 방사능이 그동안 논란거리였던 규칙을 재정립했다는 것을 계속 부인했다. 하지만 그가 사망한 1907년에 이미 방사성 동위 원소 연대 측정법이 암석의 연대를 직접 측정하는 데 활용되고 있었다. 22억 년이나 된 암석 샘플도 있었다. 1931년에는 지질학자 아서 홈스Arthur Holmes, 1890~1965가 미국 국립 연구위원회National Research Council 회의에서 "지구의 나이는 14억 6,000만 년을 넘고 아마도 16억 년은 못 될 것"이라고 단언했다. 현대의 믿을 만한 연대 측정 기술로는 지구가 약 45억 5,000만 살 정도라고 측정된다.

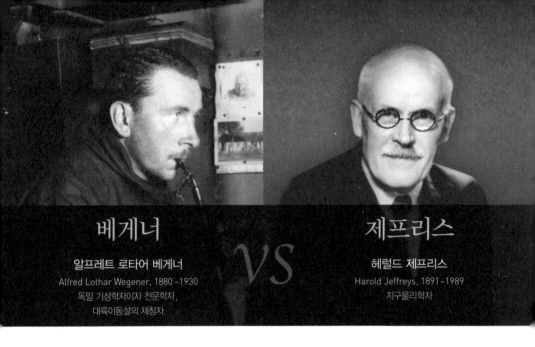

베게너

알프레트 로타어 베게너

Alfred Lothar Wegener, 1880~1930
독일 기상학자이자 천문학자,
대륙이동설의 제창자

VS

제프리스

헤럴드 제프리스

Harold Jeffreys, 1891~1989
지구물리학자

· 분쟁 기간 1915~1960년대   **· 분쟁 원인** 대륙이동설

도리를 벗어난 이론이 어떻게 그렇게 빠르게 과학적 정설로 자리 잡을 수 있는지와 과학의 추잡하고, 모순적이고, 시끌벅적한 실제 발전 과정이 무지에서 깨달음의 세계로 평탄하게 진행되었다는 '전통적인' 이미지와 어떤 식으로 다른지를 설명할 때는 알프레트 베게너의 이야기와 대륙이동설이 대표적인 예로 자주 언급된다. 사실 베게너의 이야기는 그 어느 쪽에도 완벽하게 들어맞는 사례는 아니지만, 여전히 유명하고 흥미롭다.

원래 하나였던 두 대륙

대륙이 원래는 하나였다는 개념을 뒷받침하는 가장 확실한 증거는 남미 동부와 서아프리카의 해안선이 잘 들어맞는다는 사실이다. 신대륙의 지도가 최초로 작성되자마자 이 사실이 부각되었다. 네덜란드의 지도 제작자인 아브라함 오르텔리우스Abraham Ortelius, 1527~1598가 이미 1596년에 아메리카 대륙은 한때 유럽, 아프리카와 같은 대륙이었다가 지진과 홍수 때문에 떨어져 나갔다고 제안한 바 있었다.

1881년 선구적인 지구물리학자인 오즈먼드 피셔는 액체 맨틀 위를 딱딱한 암석 표층이 덮고 있는 지구 모델을 제안하면서 화산 폭발로 새로운 암석이 만들어져 해저가 확장되고 대륙이 수축해 산맥이 솟아올랐다고 제시했다. 이것은 놀랍도록 선견지명이 있는 현대적 판구조론의 원형으로, 전대미문의 가설이었다. 피셔는 해양과 대륙의 상대적 영속성을 강조하는 영국계 미국인의 전통을 거슬렀다. 독일어권 국가들에서는 지각이 움직이고 맨틀이 대류한다는 개념도 있었지만, 지구가 처음에는 용융 상태였다가 냉각되는 중이며16~17쪽 참고 계속 수축하고 있기 때문에 지표면이 찌그러지고 구겨져 산맥과 해양 분지가 생긴다는 가설이 주류를 이루었다.

베게너가 대륙이동설을 주장하다

용감무쌍한 기상학자이자 천문학자인 알프레트 베게너에게 시선을 돌려보자. 다른 사람들처럼 남미 해안과 아프리카 해안이 조각 그림 퍼즐처럼 꼭 들어맞는다는 사실에 충격을 받은 베게너는 1911년에 브라질과 아프리카 간의 고생물학적 연관성을 정리한 보고서를 접하고 큰 흥미를 느꼈다. 사실 이전에도 멀리 떨어진 지역 간에 이런 유사성을 보이는 사례가 많이 알려져 있었지

> "우리가 베게너의 가설을 믿어야 한다면, 지난 70년 동안
> 배워온 모든 것을 잊고 완전히 다시 시작해야 한다."
>
> — R. T. 체임벌린, 1926년

만, 일반적으로는 과거에 두 지역 사이에 육교가 있었다가 지금은 해양 아래로 가라앉아버린 흔적으로 여겨졌다.

베게너는 미국 지리학자 F. B. 테일러Frank Bursley Taylor, 1860~1938가 1910년에 '대륙이동설'을 발표한 것을 몰랐다고 주장하면서 1912년에 자신의 이름으로 비슷한 이론을 내놓았다. 그는 1915년에 저서 《대륙과 해양의 기원Die Entstehung der Kontinente und Ozeane》에서 이 이론을 제시했는데, 여기에 그의 '대륙재배치설Die Verschiebung der Kontinente'에 대한 몇 가지 증거를 함께 소개했다.

대륙이라는 퍼즐 조각을 맞추다

베게너는 당시 수축 모델의 결점들을 지적하는 것을 시작으로 주장을 펼쳐나갔다. 예를 들어, 지구가 균일하게 수축하고 있다면 산맥과 해양 분지가 왜 그렇게 들쑥날쑥하냐는 것이다. 그는 지표 암석은 대륙 암석과 해양 암석의 두 종류가 있다는 분명한 증거를 들면서, 오랜 시간 동안 엄청난 압력이 가해지면 대륙 표면의 밑에 있는 지층이 변형되어 얼음과 비슷하게 거의 액체처럼 행동할 수 있다는 것을 증명하려고 노력했다. 또 예전에는 두 대륙이 연결되어 있었음을 입증하기 위해 대서양의 양쪽에 있는 암석의 종류와 지층이 유사하다는 증거들을 수집하며 그 일이 "모서리를 맞춰보고 글귀가 잘 이어지는지 확인해서 찢어진 신문 조각을 다시 맞추는 것과 같다"라고 주장했다.

기상학 연구에 중점을 둔 북극 원정
베게너의 연구 배경은 지질학보다는 기상학에 있었다. 그의 지질학 이론에 대한 반응들이 냉혹했던 것은
문외한으로 간주되던 그의 입지 때문이기도 했다.

　여기에 더해, 베게너는 페름기의 작은 파충류 메소사우루스Mesosaurus와 페름기에서 석탄기의 식물 글로소프테리스Glossopteris와 같이 대서양 양쪽에서 모두 발견되는 생물종 화석 기록으로 근거 자료를 보강했다. 그가 지적한 바로는 바닷속으로 가라앉아 없어졌다는 육교는 처음부터 있을 수 없기 때문에 육교 이론으로 이러한 화석의 분포를 설명하는 것은 불가능했다. 대륙 화강암은 해양 현무암보다 밀도가 더 낮아서 해저로 가라앉을 수 없다는 것이다. 이런 육교 이론을 믿는 세태를 베게너는 '완전히 어처구니없는 태도'라고 비평했다.

　베게너는 열대 기후에서 생성된 것이 분명한 암석 종류와 석탄광이 고도가 높은 지역에서 발견된다는 사실에 특히 주목했다. 그리고 이 모든 증거가 대륙이 한때 하나였다가 시간이 지나면서 마치 빙산이 얇은 유빙流氷을 헤치고 천천히 이동하듯이 지구 표면을 이리저리 떠돌아다닌다는 것을 말해주는 것으로 보았다. 그는 대륙들이 하나로 붙어 있던 옛 시절의 초대륙超大陸을 그리스어로 '모든 땅'이라는 뜻의 판게아Pangaea로 명명했다. 어떤 힘이 이런 엄청난 이동을 일으켰는지는 그도 확실히 알지 못했다. 아마도 멍청해 보이겠지만, 그는 폴플뤼히트Pohlfluct, '극지방에서 떨어져 나왔다'는 뜻의 독일어와 일종의 조석 마찰이 함께 작용했을 것이라는 추측을 기꺼이 받아들이려 했다.

조각을 구부리면 퍼즐을 맞출 수 있다

베게너는 시작부터 감히 원칙을 무시하고 급진적인 신新이론을 세우려 한다는 비난에 직면했다. 명망 높은 기상학자인 그의 장인은 이미 1911년부터 베게너를 만류했다. 하지만 베게너는 자신을 변호했다. "장인어른께서 저의 원시 대륙 이론을 상상력의 산물이라고 생각하신다는 것은 알고 있습니다. 하지만, 이건 관찰 결과를 해석하는 방식의 문제입니다. 구식 관념들을 왜 못 버리시는 겁니까? 이런 것이 혁명적인 것입니까? 저는 옛날 아이디어들이 10년 이상 버틸 수 있을 거라고 생각하지 않습니다." 당시의 그는 근거 없는 자신감에 차 있었다.

이러한 그의 새로운 이론에 대한 비난은 가설을 발표한 직후부터 시작되어 수십 년간 계속되었다. 필립 레이크Philip Lake, 1865~1949는 1922년에 "자신의 견해와 반대되는 사실과 주장은 외면하면서 진실을 추구하지 않고 명분만 따른다"라는 이유로 베게너를 해고했다. 레이크는 대륙의 해안선들을 맞춰보아 판게아를 재구축하려는 시도를 두고 "조각을 구부리면 퍼즐을 맞추는 것

화산 해구

섭입대 해양

암석권

맨틀
두 대륙판 사이의 경계부에서는
해양판이 대륙판 밑으로 밀려 내
려간다.

대륙 주변 지형
1960년대에 개발된 오늘날의 판 구조 모델에 따른 그림.

은 어렵지 않다"라고 비판했다. 사실, 실제로 들어맞는 부분은 대륙붕이었지
만 당시에는 이 지질 구조가 확실하게 밝혀지지 않은 상태였다. 이듬해 G. W.
램플루George William Lamplugh, 1859~1926는 베게너의 이론을 "거의 모든 문장이
취약하다"라고 평했고 R. D. 올덤Richard Dixon Oldham, 1858~1936은 "이런 모험을
하다니 이성적인 과학자로서의 명성을 중시하는 사람이 할 짓이 아니다"라
고 기술했다.

대륙이동설을 가차없이 예리하게 비판한 사람 중 가장 영향력 있는 한 사
람인 지구물리학자 헤럴드 제프리스는 대륙이 일정 형태가 있는 해저 위를
떠다닌다는 개념을 특히 마음에 들지 않아 했다. 그는 "매우 위험한 아이디어
이며 중대한 오류에 빠지기 쉽다"라고 지적했다. 그리고 베게너가 대륙 이동
의 원동력으로 제안한 두 가지 힘, 즉 폴플뤼히트와 조석 마찰은 이동에 필요

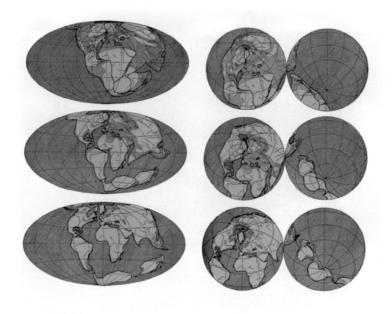

판게아에서 현재까지

베게너의 저서 《대륙과 해양의 기원》에 수록된 적도 방향과 극 방향에서 본 지도 시리즈. 이론상의 초대륙부터 시작해 지질학적 역사의 시기별 대륙들의 위치를 보여준다.

한 힘의 100만 분의 일밖에 내지 못한다고 계산했다.

대륙이동설을 반대하는 목소리는 1926년 뉴욕에서 열린 미국 석유지질학 학회American Association of Petroleum Geologists 심포지엄에서 정점에 이르렀는데, 베게너와 테일러 두 사람 모두 참석한 자리였다. 사람들은 서로 질세라 이 이론을 공격해댔다. C. R. 롱웰Chester Ray Longwell, 1887~1975은 "부동의 질서에 대항하다니 성상 파괴령이나 다름없다. 너무나 대담하고 극적이어서 상상력을 자극한다. 하지만 상상력에 호소하기보다는 더 확실한 근거가 있어야 한다"라고 평했다. 고생물학자인 E. W. 베리Edward Wilber Berry, 1875~1945는 "주관적인 아이디어를 객관적인 사실로 치부해버린 자가 중독의 상태"라고 베게너를 비난했다. T. C. 체임벌린Thomas Chrowder Chamberlin, 1843~1928은 "우리의 지구를 너무 마음대로 다룬다"라고 혹평했고, 그의 아들 R. T. 체임벌린Rollin Thomas Chamberlain, 1881~1948은 후에 "그런 이론이 이렇게 활개 치도록 할 정도로 기본적인 의견 차이가 심하다면 지질학을 과연 과학이라고 부를 수 있을까?"라는 의문을 던졌다. 베게너를 향한 가혹한 언사는 그의 사후에도 오랫동안 이어졌다. 존경받는 지질공학자 베일리 윌리스Bailey Willis, 1857~1949는 1949년에 대륙이동설을 '동화'라고 일축했다.

과연 베게너가 옳았을까?

반대파들이 쏟아낸 독설과 냉소 때문에 많은 사람이 베게너를 갈릴레이에 비유한다189~195쪽 참고. 실제로 대륙이동설의 지지자인 레지널드 데일리Reginald Daly, 1871~1957는 갈릴레이의 유명한 경구인 "그래도 지구는 돈다E pur si Muove"라는 말을 그의 저서《움직이는 우리 지구Our Mobile Earth》에서 인용했다. 제2차 세계 대전이 끝나고 해양학과 지질학이 발전함에 따라 결국 베게너가 옳았다는 것이 증명되는 듯하자 베게너의 지지자들은 오명을 벗었다는 생각이 들었다. 해저 암석의 자기장 이상 변화로 대륙이 정말로 확장되고 있음이 증명되고 서로 연결된 해령들의 화산 활동이 새로운 해저를 만들어내고 있다는 것이 발견됨으로써 대륙 확장의 이유가 규명된 것이다.

1960년에는 해리 헤스Harry Hess, 1906~1969가 해저확장설을 내놓으면서 다음과 같이 설명했다. "대륙은 미지의 힘에 이끌려 해양 지각을 가로질러 이동하는 것이 아니라, 해령 정상부 표면으로 올라온 맨틀에 실려서 수동적으로 옆으로 멀어져가는 것이다." 1965년에는 투조 윌슨John Tuzo Wilson, 1908~1993이 새로 발견된 사실들을 총체적인 판구조론 이론으로 취합했다. 이로써 대륙과 해양, 산, 열곡, 화산, 섬이 각각 어떻게, 그리고 왜 만들어지고, 이동하고, 확장되고, 폭발하는지가 모두 설명되었다.

자, 그럼 베게너는 현대판 갈릴레이나 다윈처럼 설욕한 것일까? 그의 주장의 큰 줄기는 맞는 것으로 밝혀졌다. 대륙은 실제로 먼 과거에 하나의 초대륙을 이루다가 현재의 위치로 분리되었다. 산맥, 화석, 석탄층의 분포, 그리고 그밖의 많은 것도 이 이론으로 설명된다. 그러나 한편으로는 그의 이론 중 많은 부분에서 비평가들이 비난한 그대로 베게너가 완전히 틀렸다는 것도 증명되었다. 판구조론에는 대륙이동설도 일부 포함되지만 베게너의 버전과는 전혀 다르다. 과학의 생리는 항상 한 사람이 나머지 사람들을 상대로 승리를 거두는 식보다 더 복잡하다.

윌리엄스 VS 슈에

스탠리 윌리엄스
Stanley Williams, 1952~
화산학자, 지질학 교수

베르나르 슈에
Bernard Chouet, 1945~
화산학자, 미국 지질조사단에서 연구함

˙ 분쟁 기간 1993년

˙ 분쟁 원인 화산. 구체적으로 말하면, 콜롬비아 갈레라스 화산이 곧 폭발한다는 예측
인자로 가장 좋은 것은 지진파의 변화인가, 가스 분출량인가.

이 대결의 주인공들은 사석에서 혹은 과학적 토론 무대에서 실제로 대면한
적이 없다. 윌리엄스가 그와 슈에는 "전혀 친하지 않았다"라고 공식적으로 밝
히기도 했지만, 사실 이들의 관계를 대결이라고 하는 것은 어쩌면 약간은 공
정하지 않을 수도 있다. 두 사람은 화산 폭발을 예측하는 방법을 알아내기 위
해 모든 열정을 쏟아 부은 화산 전문가였다. 이들은 같은 질문을 두고 극명하
게 다른 답을 내놓았는데, 주제에 접근하는 방식과 '진정한' 화산학자의 자질
에 관한 견해가 서로 달랐기 때문이었다. 이런 차이는 1993년에 잔혹하고 비
극적으로 부각되었다. 윌리엄스가 한 무리의 과학자들과 기타 관계자들을 이

끌고 화산 분화구에 갔다가 공교롭게도 때마침 화산이 폭발하는 바람에 아홉 명이 사망하고 윌리엄스 자신도 심하게 다쳤기 때문이다.

실험실 샌님 vs 분화구에 들어가는 화산광

장담컨대, 화산학자의 세계는 화산광과 샌님으로 양분할 수 있다. 샌님들은 실험실에서 작업하며 컴퓨터 뒤에서 그래프, 통계치, 컴퓨터 모델만 파고든다. 반면에 화산광들은 활화산을 직접 올라가 바로 코앞에서 관찰한다. 스탠리 윌리엄스는 "분화구에 직접 걸어 들어가 본 사람에게서 가장 좋은 연구 결과가 나온다"라고 주장했으니, 그를 화산광이라고 부르는 것이 맞을 것이다. 펜실베이니아 주 라파예트 대학Lafayette College의 래리 말린코니코Lawrence Larry Malinconico, 1952~ 박사의 말을 빌리면 "스탠리는 대단히 적극적인 과학자였다".

윌리엄스는 화산 입구까지 가는 위험한 모험을 감행했다. 분기공噴氣孔이라는 구멍으로 새어나오는 유해 가스를 연구하고 그 샘플을 채취하기 위해서였다. 그는 이 배출 가스의 구성과 양을 이용해서 화산이 언제 폭발할지를 알 수 있다고 믿었다. 화산학자가 되기 전에 항공 엔지니어이자 로켓 과학자로 수련한 베르나르 슈에는 화산의 지진학적 특징을 더 중점적으로 연구했다. 그는 샌님 부류에 속하는 사람이었다.

베르나르 슈에
스위스의 지구물리학자이자 지진학자. 원래는 우주항행학을 공부해서 말 그대로 로켓 과학자가 되었다. 현재 슈에는 장주기 지진파 활동LPE에 관한 선구적 연구로 명성이 높다.

폭발 직전의 화산은 그때까지 인식되지 않던 진동파를 낸다는 사실을 그가 발견한 것은 1980년대 초 지진계를 분석하던 중이었다. "그 파동이 나를 정면으로 응시하고 있었다. 나는 '와우, 이건 완전히 다른 거잖아!'라고 외쳤다. 지진파들에 섞여 있던 그것은 교과서에 예시로나 나올 법한 전형적인 특징적 고조파 준準단일 파동이었다."

'특징적 고조파高調波'는 장주기 지진파 활동LPE, long-period event으로 더 잘 알려져 있는데, 코르크 따개 모양이었기 때문에 스페인어로 토르니요tornillo, 나사못라고 불렸다. 이 파동은 갇혀 있는 용암과 가스가 오르간 파이프 안의 공기처럼 화산 틈새 안에서 진동함으로써 발생하는 공명 주파수로, 슈에는 이 파동이 바로 화산 폭발이 임박했다는 신호임을 깨달았다. 그는 자신의 발견에 대해 "화산이 우리에게 말을 걸고 있다는 것을 불현듯 알아차리고 이 언어를 이해하게 된 역사적인 순간"이라고 기술했다.

오늘 갈레라스는 폭발할 것인가

1985년에는 화산 폭발을 예측하는 신뢰할 만한 방법이 시급히 필요하다는 데에 의견이 모였다. 그해는 바로 콜롬비아의 네바도델루이즈Nevado del Ruiz 화산이 극도로 불안정해진 해였다. 이 지역의 화산학자들은 화산이 폭발하면 끔찍한 홍수와 산사태가 발생해 근방의 아르메로Armero 마을이 위험에 처할 것이라며 우려했다. 하지만 이 재난이 언제 일어날 지 정확히 몰랐기 때문에 정부 당국으로서도 2만 명 이상인 되는 사람들을 무기한 대피시켜야 한다는 데에는 동의할 수 없었다. 결국, 11월 13일에 화산은 폭발했고 진흙, 물, 자갈이 뒤섞인 거대한 물결이 아르메로 마을을 덮쳐 2만 4,000명의 목숨을 앗아갔다. 윌리엄스와 슈에는 다음번 참사는 예방할 수 있기를 바라면서 각자의 연구를 계속해나갔다.

1989년 슈에는 알래스카의 리다우트Redoubt 화산이 폭발하기 불과 두 시간 전에 석유 작업장 근처의 근로자들에게 대피하라는 경고를 전달했는데, 이 일로 그는 자신의 LPE 모델이 틀리지 않았음을 증명한 셈이 되었다. 이 공적은 화산학계 전체에 천천히 알려졌으나, 얼마 지나지 않아 콜롬비아에 있는 또 다른 화산 때문에 두 남자의 이론이 시험대에 올랐다. 1991년에 갈레라스Galeras 화산의 활동이 활발해지면서 전 세계의 이목을 집중시킨 것이다. 1992년에는 슈에와 윌리엄스 모두 화산을 가까이에서 연구했으며 7월에 두 사람 모두 화산이 폭발할 것이라고 예측했다. 윌리엄스는 이산화황과 다른 가스들의 배출 속도가 증가했음을 관찰했고, 슈에와 그의 연구 팀은 지진파 기록에서 토르니요가 나타난 것을 확인했다. 7월 16일에 드디어 작은 폭발이 일어나 분화구 주위에 설치된 관측소가 파괴되었다. 두 사람 모두 맞았던 것이다.

윌리엄스는 1993년 1월에 갈레라스 화산 근처의 파스토Pasto에서 화산학자들을 위한 국제 컨퍼런스를 열어 유엔 연구비를 확보했다. 그는 전 세계의 저명한 전문가 여럿을 초청하고자 했는데 슈에와 그의 연구 팀은 참석할 수 없었다. 쇼맨십이 뛰어났던 윌리엄스는 컨퍼런스의 하이라이트 부분을 자신이 이끄는 분화구 현장 견학으로 계획했다. 먼저 분화구 분기공의 가스 방출을 확인한 그는 이산화황 수치가 비교적 낮았기 때문에 당장은 폭발의 위험이 없다고 확신했다. 하지만 12월 23일부터 토르니요가 뚜렷하게 감지되고 있었기 때문에 다른 화산학자들은 이 행사의 안전성에 의문을 제기했다.

견학일 전날 밤 회의가 열렸으나 만약의 사태를 대비한 이 토의의 내용에 대한 해석은 상이했다. 콜롬비아 화산학자인 페르난도 길Fernando Gil은 이전에 슈에와 공동 연구를 진행한 이력이 있었는데 다음과 같이 경고했다. "과거에 LPE가 관찰되었을 때 무슨 일이 벌어졌는지를 생각하면 이번에 LPE가 나타난다는 것이 걱정된다." 하지만 지진학자가 아니었던 윌리엄스와 그의 동료들은 무엇이 문제인지를 전혀 이해하지 못했다. 윌리엄스의 동료인 존 스틱스^{John Stix, 1958~}는 "걱정도 되었지만 LPE라는 것이 어떤 의미인지 우리는 전혀 이해하지 못하고 있었다"라고 인정했다. 윌리엄스는 "토르니요가 화산 폭발의 전조 현상이라고 이해된 바는 없었다. 분화구로 견학을 가기 전날 나에게 토르니요를 강조하거나 화산이 곧 터질 것이라고 경고한 이는 아무도 없었다. 수집된

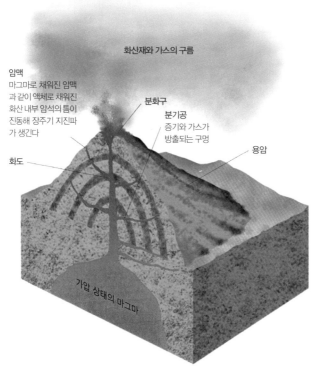

화산재와 가스의 구름

암맥
마그마로 채워진 암맥과 같이 액체로 채워진 화산 내부 암석의 틈이 진동해 장주기 지진파가 생긴다

분화구

분기공
증기와 가스가 방출되는 구멍

용암

화도

가압 상태의 마그마

화산의 단면도
마그마가 상승하면서 내뿜는 열과 압력 때문에 암석의 균열부와 분기공이라는 구멍을 통해 증기와 가스가 밀려나온다.

모든 증거를 바탕으로 관측소에서 내린 결론은 갈레라스가 안전하다는 것이었다"라면서 LPE의 예측성과 합치되는 다른 견해는 없었다고 주장했다.

윌리엄스는 슈에가 진행한 연구의 잠재적 중요성을 왜 인식하지 못했을까? 그는 2001년에 출간한 체험 수기인 《갈레라스에서 살아 돌아오다Surviving Galeras》에서 "불행히도, 나와 친하지 않았던 슈에는 나에게 보고서를 보내준 적이 없었다"라고 적었다. 보고서를 받았다면, 무엇이 달라지기는 했을까? 슈에는 "그때 내가 그곳에 있었다면, 그래서 LPE를 봤더라면 틀림없이 지금은 분화구에 가보기에 적절한 시점이 아니라고 주장했을 것이다. 하지만 막무가내로 그들 앞을 막아서며 '꼭 가야겠다면 나를 밟고 지나가시오!'라고 외칠 수도 없었을 것이다. 만약 그랬더라도 결과가 달라졌을지는 잘 모르겠다"라고 지적했다.

죽음의 분화구로 걸어 들어가다

이튿날인 1993년 1월 14일 아침, 윌리엄스는 화구구火口丘를 품고 있는 화산 꼭대기의 넓은 분화구인 칼데라를 향해 과학자 아홉 명과 등산가 세 명으로 이루어진 한 무리를 이끌고 산을 올랐다. 그들은 몇 시간 동안 기록을 분석하고 샘플을 채취했다. 칼데라 가장자리를 둘러보는 과학자도 있었다. 오후 1시 30분에 화산이 터졌고, 공중으로 토해낸 수많은 바위가 분화구 안팎으로 비처럼 쏟아져 내렸다. 이때 아홉 명이 날아가거나 날아드는 바위에 맞아서 거의 즉사했다. 윌리엄스 자신도 다리가 짓이겨지고 두개골 조각이 뇌에 박혔을 정도의 큰 부상을 당했다.

이 견학을 강행한 것이 윌리엄스의 탓인지는 논란거리이지만 사고 이후 그가 보인 태도는 사람들의 맹비난을 받기에 충분했다. 기억을 상실한 데다 오만함과 타인을 멸시하는 태도로 일관했기 때문이다. 이를 두고《명백한 위험이란 없다 : 갈레라스와 네바도델루이즈 화산 폭발 사고의 진실No Apparent Danger: The True Story of Volcanic Disaster at Galeras and Nevado del Ruiz》의 저자이자 윌리엄스를 가장 신랄하게 비평한 사람 중 한 명이었던 과학 전문 기자 빅토리아 브루스Victoria Bruce는 "명예욕에 눈이 멀어 동료들의 목숨까지 희생시켰다"라고 평했다.

예를 들어, 당시 기록에 따르면 윌리엄스는 자신의 잘잘못에 대한 논쟁을 두고 다른 생존자 두 명을 "한심한 거짓말쟁이들이다. 나의 명성을 질투하는

2008년의 갈레라스 화산 폭발
인근 지역 사회를 여전히 위협하고 있지만 과학적 예측 기술의 발전 덕택에 정부 당국이 사람들을 적시에 대피시킬 수 있게 되었다.

것일 뿐"이라고 비난했다. 지금은 그도 "당시에 비극적인 생존자인 척했다"고 스스로 인정하고 있지만 그가 밑바닥 행동을 했던 것은 지속된 뇌 손상 때문이었다고 말하는 사람들도 있다.

화산 폭발이 임박했음을 말해주는 것이 LPE냐 유황 방출량 증가이냐를 둔 논쟁에서는 슈에가 승리한 것으로 보인다. 화산 폭발 예측 시 LPE의 활용에 관한 그의 1996년 논문은 화산학 분야에서 가장 많이 인용된 논문 열 편 중 하나로 꼽힌다. 멕시코의 화산 포포카테페틀Popocatépetl이 새 천 년인 2000년 12월 18일에 최대 규모로 폭발했을 때, LPE를 면밀하게 분석한 결과에 따라 정부 당국이 폭발 48시간 전에 대피령을 내려서 위험 지대에 거주하던 주민 3만 명이 몸을 피할 수 있었다. 덕분에 몸이 상한 사람은 단 한 명도 없었다.

chapter 2

진화와 고생물학 분야

헉슬리

코프

리키

케틀웰

피델

스미트

제이콥

VS

윌버포스

마시

조핸슨

후퍼와 웰스

딜러헤이

켈러

브라운, 머우드, 로버츠

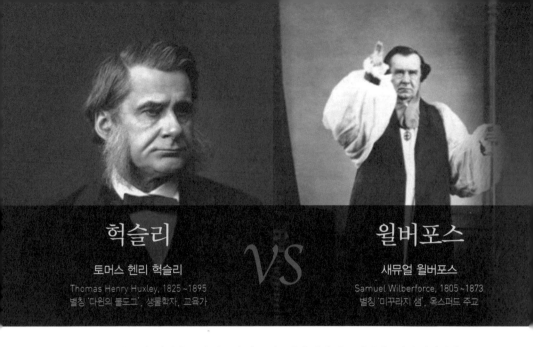

헉슬리 **VS** 윌버포스

토머스 헨리 헉슬리
Thomas Henry Huxley, 1825~1895
별칭 '다윈의 불도그', 생물학자, 교육가

새뮤얼 윌버포스
Samuel Wilberforce, 1805~1873
별칭 '미꾸라지 샘', 옥스퍼드 주교

분쟁 기간 1860년 6월 30일 일요일, 옥스퍼드에서 열린 영국 과학진흥협회 회의에서
분쟁 원인 인간의 계보

　　과학사에서 가장 유명한 대결 중 하나는 다윈의 자연 선택에 의한 진화 이론을 완강하게 옹호했기 때문에 '다윈의 불도그'라고 불리던 T. H. 헉슬리와 논쟁마다 능숙하고 설득력 있게 요리조리 잘 빠져나갔던 '미꾸라지 샘'이라는 별명의 새뮤얼 윌버포스 주교가 진화를 두고 충돌한 것이었다. 이제 전설이 된 이 대결은 과학이 종교를 상대로 대승리를 거둔 기념비적인 사건으로 자주 인용되지만, 아직도 많은 사람이 이 사건을 둘러싸고 논쟁을 벌이고 있으며 실제로 무엇을 시사하는지는 불확실한 부분이 많다.

신을 부정하는 진화, 진화를 부정하는 신

본인도 예상했겠지만, 1859년에 출판된 다윈의 저서《종의 기원》은 곳곳에서 반대 여론을 불러일으켰으며 특히 종교 관계자들의 반대가 심했다. 당시 진화 이론은 널리 인정되고 있었지만 윌리엄 페일리William Paley, 1743~1805와 같은 사람들은 어떤 우주적인 인도의 손길, 즉 창조주의 지시에 따라 진화가 이루어졌다고 제시함으로써 진화 이론과 신앙을 절충하려고 했다. 다윈의 자연 선택에 의한 진화 이론 중에서 특히 충격적인 부분은 진화 과정을 주도하는 지적 존재의 필요성을 부인했다는 점이었다. 생명이 다양한 형태를 띠게 된 것이 초인적인 힘 때문일 수는 있지만 이 창조의 개념에 신이 들어설 자리는 없다는 것이다. 독실한 신자들도 다윈이 입 밖으로 내지는 않았지만 함축적으로 말한 결론을 불쾌해했다. 이 결론의 내용은 성서에 언급되어 있듯이 신이 자신의 형상을 따서 인간을 특별히 창조한 것이 아니라 인간은 유인원의 후손이라는 것이었다.

생물학자인 T. H. 헉슬리는 곧바로 새로운 이론의 열렬한 추종자가 되었다. 그는 자신의 입장을 밝히는 서신에 "곧 개들이 짖어댈 것입니다. 당신은 종종 점잖게 나무라지만, 같은 싸움을 하는 친구들이 이렇게 있으니 당신에게 크게 도움이 될 것이라는 사실을 잊어서는 안 됩니다. 저는 발톱과 부리를 뾰족하게 갈면서 준비하고 있습니다"라고 쓰면서, 다윈이 엄청난 비난과 왜곡에 직면하게 될 것이라고 내다보았다.

머지않아 여론이 시끄러워졌다. 다윈의 반대파 중에는 옥스퍼드 주교인 새뮤얼 윌버포스도 있었다. 유명한 노예제 폐지론자의 아들인 윌버포스는 세간의 주목을 받는 유명 인사이자 과학적 논쟁에 기꺼이 끼어드는 성직자이기도 했다. 그는 1860년 6월에 "인간의 언어 구사 능력, 인간의 이성적 사고, 인간의 자유 의지와 책임감……, 이 중 어느 덕목도 인류의 기원이 짐승이라는 모멸적인 개념과 절대로 양립할 수 없다"라고 주장한 완고한 논평 〈기원Origin〉을 발표했다. 그가 내린 결론은 "자연선택설은 자연의 명예를 더럽히는 견해이며 하느님의 말씀에 절대적으로 위배된다"라는 것이었다.

우리의 조상은 원숭이인가

불과 2주 후인 6월 30일 일요일에는 윌버포스가 옥스퍼드에서 열린 영국과학진흥협회BAAS, British Association for the Advancement of Science 회의에서 논문을 발표하기로 예정되어 있었다. 이 회의는 다윈주의자들이 대중 앞에서 윌버포스에게 도전할 절호의 찬스였다. 다윈은 일평생 그를 괴롭혀온 만성 질환과 대중 앞에서 입을 잘 열지 않는 성격 때문에 참석 요청을 거절했다. 이에 그의 공석을 대신해야 했던 헉슬리는 마음을 다잡았다. 수백 명이 이 결전을 구경하기 위해 몰려들었고 더 많은 사람이 문 앞에서 발길을 돌려야 했다.

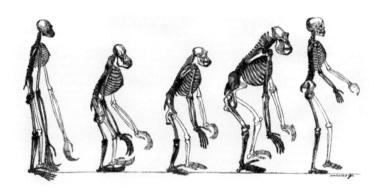

비교 해부도

헉슬리는 인간과 유인원이 공통의 조상에서 비롯되었다는 주장을 뒷받침하기 위해 인간의 골격을 유인원의 골격과 비교해 그의 저서 《자연에서 인간의 위치에 관한 증거》에 위와 같은 권두 삽화로 수록했다.

'공룡'이라는 단어의 제창자이자 다윈주의를 반대하는 생물학자 리처드 오언Richard Owen, 1804~1892의 코치를 받은 윌버포스는 다윈의 이론을 날카롭게 비난하는 내용의 논문을 유창하게 발표했다. 목격담에 의하면, 윌버포스가 연설을 마치고 헉슬리를 향해 노골적인 경멸의 시선을 보내면서 자리를 떴다고 한다. 정확한 회의록은 남아 있지 않지만, 근 40년 후에 《맥밀런 매거진MacMillan's Magazine》에 발표된 이사벨 시지윅Isabel Sidgwick의 후기가 특히 유명하다. "윌버포스는 상대방에게 냉소를 보내며 그가 주장하는 원숭이 조상이 아버지 쪽인지 어머니 쪽인지를 물었다." 빅토리아 시대의 청중에게는 저속한 행동이었지만, 전해오는 바로는 청중석은 이미 시끌벅적했고 대학생들은 "원숭이! 원숭이!"라고 선동적으로 외쳤다고 한다.

시지윅이 기억하는 헉슬리의 답변은 누가 봐도 그가 영웅으로 그려지도록

다윈이 판도라의 상자를 열다

다윈은 앨프리드 러셀 월리스Alfred Russel Wallace, 1823~1913가 비슷한 이론을 독자적으로 내놓는 바람에213~219쪽 참고 결국 쫓기듯 출판하게 되기까지 자연 선택에 의한 진화 이론을 수십 년 동안 구상하고 있었다. 그가 이렇게 오랫동안 미뤄온 이유 중 하나는 진화론을 주장하는 것이 판도라의 상자를 여는 것과 같을 것임을 알고 있었기 때문이다. 앞으로 닥칠 일에 대비해서 그가 할 수 있었던 최선은, 주장과 증거들을 면밀하게 정리하고 증거를 더 확보해야만 확실하게 밝힐 수 있는 틈새가 여전히 일부 존재한다는 점을 인정하는 것이었다.

윌버포스는 다윈을 최초로 공격한 세력의 한 사람이었다. 그의 비평은 다윈 이론의 맹점, 예를 들어 중간 단계의 화석 증거가 없다는 점 등을 지적하고 이 이론

의 불손한 사회도덕적 의미를 부각시켰다. 이 맥락의 비판은 다윈주의를 반대하는 종교계에 의해 오늘날에도 이어지고 있다. 그 예로, 2009년에 빈의 추기경인 크리스토프 쇤보른Christoph Schonborn, 1945~은 다음과 같이 주장했다. "진화론의 대두와 경제 위기는 아주 밀접한 관련이 있다. 강한 자가 살아남는다는 이데올로기적 다윈주의 개념이 오늘날의 경제 상황을 초래했다."

다윈의 이론에 대한 종교계의 반응은 처음부터 각양각색이었다. 가톨릭교회는 큰 소란 없이 이 이론을 받아들였는데, 이는 가톨릭 지도 계층이 순수하게 성서에 근거해서 구성된 조직은 아니기 때문이기도 했다. 청교도 교파들도 다윈주의를 수용할 방안을 모색했고 어떤 사람이 신자이면서 과학자이기도 한 것에 모순되는 점이 없다고 말하는 사람도 많았다. 하지만 극단적인 종교인들, 특히 근본주의 기독교에서는 모든 진화 개념이 신앙에 위배된다며 거세게 저항했고 여기에 동참하는 이슬람 세력도 점점 늘어났다. 이들에 의해 다윈은 통상 '문화 전쟁'으로 일컬어지는 상황에 내몰렸다.

미화된 것이었다. "질문을 받고 헉슬리 선생은 천천히 신중하게 일어섰다. 마르고 큰 키에 창백하면서도 단호한 얼굴을 한 그는 차분하고 근엄한 자태로 우리 앞에 서서 놀라운 말을 뱉어냈다. 그의 말이 의미하는 바는 모두에게 명약관화했지만, 너무나 충격적이었기 때문에 답변이 끝난 직후 그가 정확히 뭐라고 했는지 아무도 기억하지 못하는 것 같았고 내 생각에도 그런 사람은 없었을 것 같다. 그는 자신의 조상이 원숭이라는 것을 부끄러워하지 않았지만, 위대한 재능을 진실을 가리는 데 사용하는 남자와 면식이 있다는 것은 창피해했을 것이다. 아무도 그가 한 말의 의미를 의심하지 않았고 그 여파는 대단했다. 한 부인은 기절해서 밖으로 실려나가야 했다. 나는 자리에서 벌떡 일어

"그 누구도 자신의 조상이 원숭이라는 것을 부끄러워할
이유가 없습니다. 되돌아보기에 부끄러운 조상이 있다면,
바로 막연한 미사여구로 잘 모르는 과학적 난제를
설명하려고 들어서 더 어렵게 하는 사람일 것입니다."

– 1860년 6월 30일, 윌버포스 주교의 발언에 대한 T. H. 헉슬리의 유명한 답변 중에서

났다. 저녁에 도브니Daubeney 박사의 집에 모인 자리에서 모두 그날의 영웅을
열렬히 환영했다."

헉슬리의 응수는 오늘날의 기준으로는 심한 것이 아니었지만, 청중은 그가
주교가 되느니 유인원이 되겠다고 말한 것으로 받아들였다. 당시 상황이 실제
로 이러했을까? 헉슬리 가문의 전기 작가 로널드 클라크Ronald Clark, 1916~1987
의 말을 빌리면, "헉슬리가 실제로 말한 내용은 윌버포스의 연설이 그런 것처
럼 전해지는 것과 크게 다르다"라고 한다. 헉슬리 자신도 적어도 세 가지 이
상의 버전으로 기억한 것으로 보인다. 또 여러 후기에 따르면 윌버포스의 기
습 질문에 그가 보인 반응은 그저 옆 사람에게 "하느님께서 그놈을 내 손에
넘겨주셨구나〈사무엘상〉 23:7을 차용–역주"라고 중얼거린 정도였다고 한다. 그는 미꾸
라지 샘이 도를 넘었다는 것을 알고 답변하면서 급소를 건드렸다. 당시의 회
의 기록에는 윌버포스의 '아버지 쪽 혈통' 발언이나 헉슬리의 의미심장한 답
변은 언급되어 있지 않다.

이 대결에 대한 전설은 수년에 걸쳐 미화되었지만, 실제로는 지금까지 이
어지는 진화에 관한 오랜 논쟁 중 사소한 접전에 불과했을 것이다. 예를 들어
헉슬리와 리처드 오언의 다툼도 짧게 끝나지 않았다. 오언은 뇌 해부학 연구
를 통해 인간이 유인원의 후손이 아니라는 증거를 확보했다고 주장했고, 헉슬

중단평형설 논란

진화생물학 내에서 끊이지 않는, 그리고 현재에도 진행 중인 중요한 논쟁들이 있다. 그중 가장 뜨거운 관심을 받는 주제 중 하나로 진화는 점진적이고 연속적인 현상이어서 생물종들은 느리지만 계속적인 진화 과정을 겪는다는 전통적인 견해와 '중단평형설'로 대표되는 대체 모델들 사이의 충돌을 들 수 있다. 간단히 말해서, 이 모델에서는 종 분화 즉 새로운 종으로의 진화가 지질학적 관점에서 거의 눈 깜짝할 사이의 시간인 불과 수천 년 전에 급작스럽게 일어났으며 생물종들이 환경에 잘 적응해 거의 변화가 없었던 즉 '평형' 상태인 오랜 기간이 종 분화를 기점으로 막을 내렸다고 제시한다.

헉슬리는 이 이론을 처음 제안한 사람 중 하나였는데, 《종의 기원》을 출판하기 직전에 다윈에게 서신을 보내어 다음과 같이 경고했다. "당신은 '자연은 비약하지 않는다Natura non facit saltum'는 원칙을 거리낌 없이 받아들인 바람에 불필요한 고생을 자초하고 있습니다." 미국으로 망명한 생물학자 리하르트 골트슈미트Richard Goldschmidt, 1878~1958는 1940년에 그의 저서 《진화의 물질적 증거The Material Basis of Evolution》에서 진화로 생긴 돌연변이는 대부분이 살아남지 못하지만 가끔 큰 돌연변이가 일어나 적응 적합성의 '도약'을 야기한다고 제안했다. 그는 어리석게도 이러한 도약을 '기대되는 괴물'이라고 지칭했다.

진화생물학자 스티븐 제이 굴드Stephen Jay Gould, 1941~2002는 골트슈미트가 어떻게 '근대 다원주의의 희생양'이 되었고 그의 이론이 왜 혐오시되는지를 설명했다. 굴드는 미국 고생물학자 닐스 엘드리지Niles Eldredge, 1943~와 함께 헉슬리와 골트슈미트 양쪽의 아이디어를 보완한 중단평형설을 부활시켰는데, 이는 다윈을 괴롭혔던 중간 단계의 화석 기록이 없다는 문제점에 대한 대응책이기도 했다. 그리고 굴드는 실제로 종 분화가 급진전되었다는 것을 입증하는 화석을 발견했다.

굴드와 몇몇 반대파, 그중에서도 진화생물학자 리처드 도킨스Richard Dawkins,

1941~ 간의 논쟁은 격변론자와 동일 과정론자 간에 벌어졌던 19세기 지질학 논쟁이 현대에도 이어지는 것으로 여겨졌다. 그러나 도킨스 자신은 단순히 논쟁이 어설프게 와전된 것이라고 주장했다. 그는 굴드의 이론을 "다윈주의의 잔광殘光"이라고 일축하면서 "이렇게 대단한 유명세를 얻을 가치가 없다. 일부 기자들이 이 이론을 너무 우려먹었다"라고 했다. 도킨스는 사실 중단평형설과 다윈의 점진진화설 간에는 상반되는 점이 없으며 중단평형설 이론이 신다윈주의 이론의 일부분이자 흥미로운 표면의 잔주름쯤이라고 단언했다.

리는 1863년에 저서《자연에서 인간의 위치에 관한 증거Evidence as to Man's Place in Nature》에서 이와 반대되는 증거를 제시했다. 윌버포스가 낙마 사고 후 지속된 뇌 손상으로 1873년에 먼저 세상을 떠나자, 헉슬리는 "그의 뇌가 현실과 만났고 그 결과는 죽음이었다"라고 매정하게 한마디 했다. 오늘날에는 미꾸라지 샘과 불도그의 이야기에 내포된, 기독교인은 과학에 관여하지 말아야 한다는 도덕관념을 유감스러워하는 사람이 많은데, 복음주의 천지창조론자인 에드워드 콜슨Edward Coleson은 "지난 100년 혹은 200년 동안 서구 세계에서 광범위한 지지를 받은 동시에 가장 큰 악영향을 끼친 사이비 과학의 일화 중 하나"라고 일컫는다.

지적설계론과 천지창조론

천지창조론자는 천지 창조에 대한 성서의 설명을 그대로 믿는 사람들이다. 천지창조론에는 분파가 많다. 예를 들어, 날·시대 천지창조론자day-age creationist들은 창세기에 기록된 천지 창조 여섯째 날이 지질학적 시간으로 여섯 번째 연대 또는 시대에 해당한다고 보고, 젊은 지구 천지창조론자young earth creationist들은 문자 그대로 하느님이 여섯 째 날에 지구를 만들었다고 믿는다. 이러한 극단적인 신앙은 다윈주의 혹은 다른 형태의 진화 이론에 명백하게 배치되는데, 이 믿음을 옹호하는 근본주의 기독교인들은 여러 방면에서 다윈주의를 공격하려고 한다.

천지창조론 옹호자들의 로비 활동이 활발하고 막강한 미국에서는 1925년의 악명 높은 스코프스Scopes 원숭이 재판과 같이 학교에서 진화에 대해 가르치는 것을 제한하거나 천지창조설 일부를 진화론과 함께 가르치려는 시도가 수차례 있었다. 그러나 이러한 시도는 대부분 실패로 돌아갔다. 공립 학교에서 종교적 믿음을 가르치는 것은 교회와 주 정부를 분리하는 미국 헌법에 위배된다는 법원의 판단 때문이었다.

1980년대 후반에 이르러 지적설계론이라는 새로운 이론을 지지하는 움직임이 일어나기 시작했다. 이것은 윌리엄 페일리가 1802년에 저서 《자연 신학Natural Theology》에서 제안한 '황야의 시계' 논증을 기반으로 해서 표면적으로는 다윈주의적 진화를 비종교적으로 비평하는 학설이었다. 페일리의 주장을 간단히 요약하면 이렇다. 황야를 걷다가 우연히 시계를 발견하면 이 복잡한 구조물이 우연히 생겼을 리는 없고 분명히 시계를 만든 사람이 있었을 것이라고 생각할 것이다. 이것은 생명체나 우주에 어떤 형태의 설계 혹은 목적이 있다면 틀림없이 설계자가 존재한다고 믿는, 신의 존재를 향한 목적론적 논리이다. 그리고 근대적 지적설계론은 우주에 관한 다윈주의의 설명에 빈틈이 있음을 입증하고자 한다. 예를 들어, 눈은 복잡한 신체 기관으로 모든 요소가 완벽한 조화를 이루어 작동하는 최종 형태에서

만 제대로 기능을 수행할 수 있기 때문에 중간 단계들을 거쳐서 진화했을 리가 없다는 것이다. 이렇듯 눈이 우연히 생겼을 리가 없다면 틀림없이 설계에 의해 만들어진 것이고 이것은 어떤 형태로든 지적 설계자의 존재를 함축한다는 것이 그들의 논리다.

지적설계론 운동은 지적설계론이 과학이고 그 어디에서도 신을 지적 설계자로 언급하지 않는다면서 미국의 정교 분리政敎分離 원칙을 피해가려고 했다. 천지창조론과는 다르기 때문에 공립 학교에서 생명의 기원에 관한 또 다른 설명으로서 가르치는 것이 합법적이라는 것이었다. 이에 지적설계론 반대파들은 명백한 난센스라고 비난했다. 게다가 2005년 키츠밀러 대 도버 지역 학군Kitzmiller vs Dover Area School District 재판에서 미국 판사 존 E. 존스 3세John E. Jones III, 1955~는 지적설계론은 과학이 아니며 "천지창조론에서 떼어낼 수 없기 때문에 이미 되풀이되었던 종교적 견해다"라는 판결을 내렸다.

도킨스 vs 신

리처드 도킨스는 처음에 근대 다윈주의를 보급한 《이기적 유전자The Selfish Gene》1976년와 《눈먼 시계공The Blind Watchmaker》1986년이라는 저서로 유명해진 진화생물학자다. 그는 강경무신론의 새 지류의 우두머리가 되었는데 2006년에 발표한 저서 《만들어진 신The God Delusion》은 200만 부 이상 팔려나갔다. 그는 이 책에서 위험하고 현혹적인 종교의 성격을 공격하는 동시에 이 문제에 대해 대중에게 널리 알리고자 활발히 활동했기 때문에 전前 주교 해리스Richard Harries, 1936~는 그를 "근본주의 무신론의 투견"에 비유했다. 다윈의 생일을 맞아 윌버포스·헉슬리의 대결을 기념하기 위해 최근 옥스퍼드에서 도킨스와 논쟁을 벌인 해리스는 "기존의 무신론은 기독교가 허위라고 드러내놓고 말했다. 오늘날의 무신론도 기독교

신자들을 도발하는 광고

"신이란 없습니다. 이제 걱정은 던져버리고 인생을 즐기세요"라는 문구가 스페인어로 적힌 포스터를 버스에 붙인 무신론 광고 캠페인. 이 캠페인은 독실한 신자들과 무신론자 양측 모두의 비난을 받았다.

가 위험하다고 한다. 이것은 싸우자는 이야기다"라고 지적했다.

도킨스는 《만들어진 신》에서 구약 성서의 신을 "단언컨대 모든 소설을 통틀어 가장 불쾌한 캐릭터"라고 칭하며 힘껏 공격을 가했다. 그는 또한 자신이 "절제되고 온건한 수정주의 신학"이라고 표현한 분야의 종사자들을 "수치상으로 무시해도 될 만큼 극소수"라거나 "민중을 선동하는 상스러운 기회주의자들"이라고 무시했다. 이는 미국 텔레비전에 정기적으로 출연하는 목회자들과 같은 극단주의자들을 겨냥한 발언이었다.

도킨스가 종교에 가한 공격은 폭풍 같은 비난을 몰고 왔다. 그 비난은 대부분 도킨스의 공격성과 편협함을 대상으로 한 것이었다. 이를 두고 단지 근본주의 종교인들이 사용하는 언어가 거울에 그대로 반사된 것 같다고 흔히 이야기된다. 도킨스는 "이러한 방종이라는 환상은 신앙에는 고유의 특권이 있어서 공격 대상에서 제외된다는 무언의 관습에서 비롯된 것"이라며 자신의 어조에 가해진 비난을 그저 신앙에 관한 부분은 예외로 취급해달라고 간청하는 정도로 무시해버렸다. 이 밖에 도킨스가 현혹적이고 불성실한 종교를 상대로 한 장기전에서 과학의 신화를 여과 없이 받아들였다거나, 신학의 수천 년 역사를 무시하고 있거나 혹은 모른다 거나, 종교의 가장 천박하고 가장 극단적으로 왜곡된 측면만 공격함으로써 '허수 아비의 오류반대 주장의 타당하고 실질적인 요소를 진지하게 고려하지 않고 반증하기 쉬운 부분 만 공략함으로써 어떠한 주장이 강력해 보이는 오류'에 빠졌다는 등 더 혹독한 비난도 있었 다. 도킨스뿐만 아니라 심리학과 영성에서부터 사회학과 역사에 이르기까지 인간 사의 모든 분야에 근대 다윈주의 철학을 적용하려고 한 미국 철학자 대니얼 데닛 Daniel Dennett, 1942~과 같은 사람들은 부당하게 세력을 확대하려고 한다는 비판도 받았다.

도킨스는 이 모든 비평을 반박했는데, 성공적인 경우도 있었고 밀리는 경우도 있었다. 예를 들어, "대부분 신자는 로버트슨Pat Robertson, 1930~, 폴웰Jerry Falwell, 1933~2007 혹은 해거드Ted Haggard, 1953~, 오사마 빈라덴Osama bin Laden, 1957~2011 혹은 아야톨라 호메이니Ayatollah Khomeini, 1900~1989, 강경무신론을 거세게 반대하는 대 표적인 우파 종교지도자들—역주를 따라 할 뿐"이라고 주장하면서 "그러나 이들은 허수 아비가 아니다. 세상은 이들을 직시해야 한다. 내 책이 그런 것처럼"이라고 지적했 다. 이에 기자인 윌리엄 리스모그William Rees-Mogg, 1928~는 도킨스의 논법에는 기 본적인 결함이 있고 다윈의 유산을 정당화하지 못한다고 제시했다. "그의 어조는 사려 깊고 구체적인 관찰을 반영하며 진리 탐구에 민감했던 찰스 다윈의 어조와 비슷하지 않다. 그보다는 1860년 6월 옥스퍼드 논쟁에서의 윌버포스 주교와 더 비슷하다. 윌버포스 주교가 다윈주의를 공격했던 그 논쟁 말이다."

코프

에드워드 드링커 코프
Edward Drinker Cope, 1840~1897
고생물학자

마시

오스니얼 찰스 마시
Othniel Charles Marsh, 1831~1899
고생물학자

분쟁 기간 1860~1890년대   **분쟁 원인** 화석 발견에 대한 우선순위(일명, 뼈 전쟁)

에드워드 코프와 오스니얼 마시 사이에 있었던 이른바 '뼈 전쟁'은 그리스 신화의 히브리스hybris, 자신에게 주어진 몫을 넘어서려는 오만을 그리스인들이 지칭한 말-역주와 네메시스nemesis, 히브리스에 휘둘릴 때 찾아온다는 복수의 여신-역주의 비극에 비유할 수 있는 당대의 가장 악명 높고 처참한 분쟁이다. 또한, 한쪽이 인내심의 한계를 넘어선 나머지 결국 대중적 망신을 자초함으로써 양측 모두 파멸할 때까지 집착으로 뒤엉켰던 두 사람의 갈등사이기도 하다. 일면으로는 미국의 정신이 개인주의냐 제국주의냐, 자유지상주의냐 공동체주의냐, 무질서냐 질서냐에 관한 19세기 후반의 다툼이 형상화된 개인의 이데올로기 충돌이기도 했다. 이 분쟁으로 미국 서부 정착이 그 형태를 갖추었기 때문이다.

학구파 vs 행동파

에드워드 코프와 오스니얼 마시는 모두 부유한 부모를 두었지만 성장한 배경과 교육 환경은 사뭇 달랐다. 코프는 고상한 퀘이커Quaker 교도 집안에서 태어나 미국 남북 전쟁 동안 유럽의 교육 기관들을 순례하면서 구시대의 자유로운 전통에 따라 교육받았다. 마시는 코프보다 나이가 많았지만 학교 교육과 사회생활은 더 늦게 시작했고, 재력가 삼촌인 조지 피바디George Peabody, 1795~1869가 교육비를 대면서부터 비로소 본격적으로 시작할 수 있었다. 그가 받은 교육은 좀 더 보수적이었으며 이는 후에 그의 경력에 반영되었다.

두 사람은 반목하기에 딱 맞는 서로 반대되는 성격이었다. 마시는 태생적으로 사교성이 없었다. 그의 한 대학 동창생은 "누구든지 그와 친해지는 것은 쇠스랑을 들이받는 것과 같았다"라고 회고했다. 한편, 코프의 지인인 고생물학자 E. C. 케이스Ermine Cowles Case, 1871~1953는 코프를 두고 "그는 뼛속까지 싸움꾼이었다. 신체적인 어려움보다는 정신적 난관에 직면했을 때 에너지를 발산했다. 상대방에게 솔직한 반대 의사를 거침없이 표하다가도 토론이 끝나면 진심으로 형제처럼 대했다"라고 기술했다.

두 사람이 처음 만난 것은 1863년이었다. 이 논쟁에 관한 주요 참고서《뼈 사냥꾼의 복수The Bonehunters' Revenge》를 집필한 데이비드 레인스 월리스David Rains Wallace, 1945~는 "그들은 이미 그때부터 희미하게 라이벌 의식을 느꼈을 것이다. 극명한 배경 차이 때문에 서로 미묘하게 깔볼 수밖에 없었다. 귀족 신분인 에드워드는 마시를 그다지 신사답지 못하다고 생각했을 것이고, 학구적인 마시는 코프를 별로 프로답지 못하다고 여겼을 것이다"라고 제시했다. 코프의 자유분방한 개인주의적 스타일은 월리스가 '차분하고 고지식한 출세제일주의'라고 평한 마시의 태도와 대비되었다. 실제로 마시는 과학계에서 빠르게 화려한 경력을 쌓아갔다.

디플로도쿠스의 다리와 발뼈
코모블러프 지역에서 발견된 디플로도쿠스의 다리와 발뼈의 발굴 현장 사진. 1878년에 디플로도쿠스의 유해가 처음 발견되었으며 마시가 이 속의 이름을 지었다.

공룡 뼈가 널린 금맥을 캐다

두 사람 모두 화석에 대한 열정을 품고 당대뿐만 아니라 단언컨대 모든 시대를 통틀어 가장 위대한 화석 연구자가 되고 싶어 했다. 19세기 초와 미국 남북 전쟁 말기부터 화석에 대한 인식의 확산에 가속이 붙기 시작했고 철도의 빠른 확산과 함께 미국의 서부 개척 시대가 도래하면서 앞으로 쏟아질 발견들의 초석이 마련되었다 _{61~62쪽 참고}. 코프와 마시는 이러한 발전의 최전방에 섰다. 과학적 명성, 그리고 영예까지도 새로운 종을 찾아내어, 재건하고, 설명하고, 명명하는 사람의 몫이었지만, 사실 그들을 부추겼던 것은 채워지지 않는 소유욕이라는 불온한 인간 본성이었다. 결국에는 각자 엄청난 수집품을 모았고, 마시는 합법적으로 소유할 수 있는 것 훨씬 이상으로 주머니를 채웠다.

처음에는 두 사람 사이에 어느 정도의 우정 혹은 협력이 있었던 것으로 보이지만 얼마 지나지 않아 탐욕이 화합을 압도해버렸다. 코프는 이 갈등의 시작을 1868년으로 되짚었다. 그때 코프가 뉴저지 주의 화석 매장지 답사에 마시를 데려가 주었는데, 얼마 지나지 않아 인근 지역들에서 화석을 찾으려고 시도할 때 모든 것이 자신을 가로막는 것을 알게 되었고 자금 문제로 마시에게 저당을 잡혔다고 주장했다. 마시는 예일 대학교의 피바디 박물관을 통해 삼촌에게서 막대한 유산을 물려받아 생긴 재정 능력과 정치 감각 덕분에 그 후로도 계속해서 풍족한 화석 지대를 자신의 사유지로 빼돌릴 수 있었다.

두 사람 간의 논쟁의 시작을 더 이른 1866년의 사건으로 보는 견해도 있는데, 그해에 마시는 코프가 잘못 복원한 엘라스모사우루스elasmosaurus를 정정한 보고서를 발표했다. 하지만 지질학자 월터 휠러Walter Wheeler, 1923~1989는 두 사람이 와이오밍 주 브리저베이진Bridger Basin에서 화석을 수집하던 1872년 여름을 지목했다. 이때는 그들의 경쟁심이 적의로 번진 시점이었다. 이듬해 마시는 코프에게 와이오밍에서 보인 그의 행동에 대해 불평하는 편지를 보냈다. "내가 전해들은 이야기가 나를 분노하게 했소. …… 너무나 화가 났소. …… 당신에게 분명하게 대응했어야 했소. 총과 주먹으로가 아니라 지면상으로 말이오. …… 살면서 이렇게 화가 난 적이 없소." 코프의 대답은 이랬다. "1872년에 당신이 얻은 시료들은 모두 내 덕이잖소."

그들의 대립은 화석 접근권을 둔 다툼, 고의적 파손 혐의, 수집품 강탈 시도까지 망라할 정도로 확대되었고, 시료 조사 결과를 발표할 시점에는 선취권을 놓고 치열하고 복잡한 논쟁이 불거졌다. 마시는 재빠르게 발굴 현장에서 은퇴하고 이 일을 대신할 대리인을 고용했다그러나 여전히 연구 성과에 대한 모든 권리를 주장했다. 라이벌이 갖추었던 연구비나 소속 기관의 후원이 코프에게는 없었는데, 갈등이 정점에 달했을 당시에 그는 매장량이 전 세계에서 가장 풍부한 화석 지대 중 한 곳인 와이오밍 주 코모블러프Como Bluff의 현장에 있었다.

1877년에 두 사람은 서로 다른 소식통을 통해 매장지에 대한 정보를 입수했다. 마시의 대리인은 코프를 따돌리려고 암호를 사용하고 속임수를 썼다. 그의 조수 새뮤얼 윌리스턴Samuel Williston, 1851~1918은 마시에게 "뼈들이 7마일약 11.3킬로미터-역주에 걸쳐 널려 있습니다"라고 적어 보냈다. 또 다른 조수인 윌리엄 할로 리드William Harlow Reed, 1849~1915는 발굴의 흥분을 감추지 못하며 동료에게 다음과 같은 편지를 보냈다. "자네도 여기서 뼈들이 굴러다니는 이 아름다운 광경을 봤어야 하는데 …… 우리가 판 구멍을 본다면 충격을 받을 걸세."

코프는 이런 기회를 놓칠 사람이 아니었다. 곧 현장을 사이에 두고 세워진 두 라이벌의 캠프가 서로 감시하는 형국이 되었다. 물론 이보다 많은 일이 있었겠지만, 전해오는 이야기는 두 남자가 얼마나 깊이 침몰했느냐에 관한 것이 많다. 추정되는 바로는 코프가 시료를 수집하지 못하게 막으려고 마시가 공룡 발굴지 몇 곳을 폭파하라는 명령을 내리거나 더 이후에는 원래 그곳에 없던 다른 화석을 코프의 발굴지에 몰래 묻어두어 화석을 제대로 복원하지 못하게 방해하기도 했다고 한다. 코프는 마시가 발견한 열차 한가득 분량의 유물들을 필라델피아로 보내버리는 것으로 이에 대응했다고 전해진다. 긴장은 점차 고조되었고 총성이 오간 적도 여러 번 있었다. 윌리스는 코모블러프에 대해 "고결한 과학적 발견이라기보다는 추잡한 금맥 찾기에 더 가까웠다"라고 기술했다. 그는 두 주인공의 행동을 악덕 상업 자본가에 비유했다. "서부 불모지에 차고 넘치는 미지의 화석이라는 자연의 보물을 두고 경쟁하다니, 이들은 목재 재벌이나 채광업계 거물이 아니었을까?" 과학적 이상은 이제 뒷전이었다. 두 사람은 라이벌의 성과를 부인하고 자신의 것으로 만드는 데에 집착하고 있었다.

두 사람 모두 진흙탕에 빠지다

코프가 저 멀리 서부에서 현장을 파는 데 몰두할 동안, 마시는 동부로 돌아와서 기득권층을 장악했다. 서부 개척 시대의 장을 연 일등 공신은 미국 지질 조사단US Geological Survey인데, 이 단체는 화석 지대에 대한 접근을 도울 수도, 저지할 수도 있는 힘이 있었다. 초기에는 코프도 이 조사단에 참여했지만 마시가 총책임자인 존 웨슬리 파월John Wesley Powell, 1834~1902과 가까워지면서 코프는 바로 쫓겨났고 마시가 공식적인 고척추동물학 분과 책임자 자리를 차지했다. 점차 마시가 뼈 전쟁에서 승리하고 있었고, 코프는 연구 자금과 함께 선택권이 줄어들수록 더 독해졌다. 윌리스의 말로는 "오스니얼이 학계의 셜록 홈스라면 코프는 모리어티 교수였다"라고 한다.

1885년에 화석 수집품 대부분을 처분해야 할 지경에 이른 코프는 점점 궁지에 몰려 결국에는 대호황 시대의 신문 재벌인 제임스 고든 베넷James Gordon Bennet Jr., 1841~1918이 내민 유혹의 손길을 덥석 잡고 말았다. 윌리스는 베넷을 "고생물학자에게 플레시오사우루스plesiosaurs나 모사사우루스mosasaurs와 같이 괴물 같은 행보의 남자"이면서 동시에 "19세기 후반에 아마도 가장 과소평가된 미국인"이라고 표현했다. 코프는 당대 최대 규모의 가장 영향력 있는 신문이자 베넷의 목소리인 《뉴욕 헤럴드New York Herald》의 지면에 상상할 수 있는 가장 대중적인 방식으로 그의 더럽혀진 옷자락을 씻어내기로 했다. 그는 신문에 실은 글에서 이렇게 주장했다. "내가 좋아하는 방식은 아니지만, 절대적으로 필요한 일이다."

코프는 마시의 공적, 사적인 부당 행위들을 조목조목 지적했고, 이 예일 대학교 출신 남자의 과거 동료들도 이 분쟁에 다수 연루되었다고 확신했다마시가 강압적이고 인색한 처사를 일삼고 화석 발견에 관한 논문의 독점적 저작권을 고집했기 때문에 많은 동료가 이를 갈고 있었다. 코프는 화석 발굴 현장 접근권을 제한하고, 파월과의 인맥을 통해 미국 지질조사단의 직권을 남용하고, 자신의 연구 결과물의 출판을 고의적으로 방해한 혐의로 마시를 고소했다. 마시는 표절 혐의와 타인의 연구를 가로챘다는

> "학식 있는 자들 간에 있었던 현시대의 어느 논란도
> 이보다 치열하지는 않았을 것이다."
>
> − 월리스 스테그너, 《100번째 자오선 너머》, 1954년

혐의에 대해 유죄였으며, 그의 이름으로 발표된 논문 대부분이 실제 저자가 따로 있었다. 베넷은 이 볼썽사나운 싸움을 1890년 1월 12일자 《뉴욕 헤럴드》 1면에 대서특필했다. 이에 학계는 술렁이기 시작했다.

하지만 코프는 이 파우스트식 거래에 일격을 당했다. 마시와 그 지지자들이 응수한 것이다. 이는 두 사람 모두의 명성을 바닥에 떨어뜨리는 결과를 낳았다. 마시는 상대편을 "머리만 큰 난쟁이"라고 비난했고, 코프의 전前 조수인 오토 메이어Otto Meyer는 그의 방식을 혹독하게 비평하면서 다음과 같이 대응했다. "진정한 과학자라면 머리가 작은 거인보다는 머리만 큰 난쟁이를 더 대우할 것이다."

《뉴욕 헤럴드》는 이 이야기를 2주 연속으로 실었는데, 종반에 가서는 두 사람 모두의 평판이 회복 불가능한 정도로 망가진 후였다. 그 여파로 미국 고생물학계가 두 파로 갈라져서 수십 년 동안 서로 으르렁거리게 되었다. 1884년부터 1930년까지 프린스턴 대학교의 지질학, 고생물학 교수를 지낸 윌리엄 베리먼 스콧William Berryman Scott, 1858~1947은 "이 중대한 논쟁이 젊은 세대의 앞길을 여러 해 동안 막아놓았다. 그런데 아직도 그 영향력이 남아 있어 가장 방심한 순간에 불쑥 나타난다."

월리스는 코프와 마시의 이데올로기 차이가 미국의 이데올로기 충돌을 반영한다고 말한다. "어떤 면에서는 뼈 전쟁을 얼마 전에 있었던 남북 전쟁의 지식 세계판 외전이라고 할 수 있다. 미국 북부인끼리의 싸움이 또 다른 경기

화석 열풍 시대

화석은 역사상 적지 않은 혼란을 일으킨 소재로, 신화 속 존재나 신비의 괴물의 잔해로 오해되는 경우가 흔했다. 예를 들어 두꺼비 돌toadstone은 두꺼비의 이마나 배에서 튀어나온 보석에 가까운 돌이라고 믿어졌다. 뜨거워지면서 독의 존재를 경고해준다는 것이다.

과학으로서의 고생물학은 18세기로 거슬러 올라가 프랑스 해부학자 조르주 퀴비에Georges Cuvier, 1769~1832의 비교 해부 연구로부터 시작되었는데, 그는 일부 동물 화석은 현존하는 생물종을 닮지 않았음을 규명해 멸종 사실을 입증한 인물이다. 지질학의 발달과 더불어 화석 연구가 점점 정교해짐에 따라 지질학적인 시간의 척도인 '영겁의 시간'에 대한 인식이 널리 퍼져갔다. 화석 발굴 활동의 중심지는 유럽, 특히 영국이었지만 북미에서도 1705년에 이미 허드슨 강둑에서 마스토돈mastodon, 코끼리와 유사하게 생긴 멸종 동물−역주의 이빨 화석이 발견된 바 있었다처음에 미국 성직자 코튼 매(Cotton Mather, 1663~1728)는 이 화석을 고대 거인의 이빨이라고 했다.

미국에서 화석 발굴의 황금기는 서부 개척 시대의 도래와 함께 찾아왔다. 남북 전쟁이 끝나자 미국 중부와 서부 전역에 걸쳐서 철도, 군부대, 통상로, 서부 정착의 전초 기지들이 거미줄처럼 확장되었다. 또 이와 동시에 진행된 발굴 활동 덕분에 이 지역의 독특한 지질학이 빛을 보게 되었다. 고생물학자인 키스 파슨스Keith Parsons의 말을 빌리면 "지질학자의 꿈이자 고척추동물학자의 천국" 취급을 받았을 정도였다. 이 지역은 단층이 형성되고, 습곡 운동이 일어나고, 융기하고, 침식되어 거대한 퇴적암 지대가 노출되었는데, 세계에서 가장 풍족한 화석 매장지들이 바로 여기에 분포해 있었다. 중서부의 상당 지역은 이전에 광대한 천해淺海, 지금은 서부 내해라고 한다 아래에 잠겨 있었기 때문에 특히 해양 화석이 풍부했다.

유명한 지역으로는 마시와 코프의 갈등이 악화일로를 걷던 와이오밍 주 코모 블러프가 있다. 이곳에는 화석이 너무나 많아서 현지 발굴꾼들도 자체적으로 근처에 오두막을 지었을 정도였는데 그중에서 본 캐빈 쿼리Bone Cabin Quarry는 1890년 대 후반에 중요한 화석 유적지 중 하나가 되었다. 짚어볼 만한 또 다른 장소는 유타 주 버널 근처에 있는 카네기 쿼리Carnegie Quarry다. 여기서 너무나 많은 공룡 뼈가 파내어져 수집가들이 발굴이 끝나기 전에 이미 지칠 정도였고, 나중에 이곳은 화석을 현장 그대로 볼 수 있는 국립공룡기념관Dinosaur National Monument이 되었다. 공룡 뼈는 세계의 유명 자연사박물관들에 진열되는 영광을 차지하면서 박물관이 어린이의 사랑을 독차지하는 장소로 탈바꿈하는 데 큰 기여를 했는데, 이 중 다수가 19세기 후반 서부의 '화석 열풍' 시대에 발굴된 것들이다.

장인 서부에서 크게 벌어지지 않았는가!" 이는 또한 서부를 바라보는 두 가지 시각을 반영하기도 한다. 코프의 원주민보호주의, 개인주의, 자유의지론과 마시의 도시적이고 계층적인 제국주의적 성향이 서로 상충하기 때문이다. 더 구체적으로는 두 사람의 언쟁이 서부가 어떻게 발전해나가기 시작했는지에 직접적인 영향을 미쳤다. 마시와 코프가 참여한 지리학적 조사 연구들이 궁극적으로 서부 정착의 기초를 다지는 데 일조한 한편, 마시의 명성이 훼손됨에 따라 동료였던 파월과의 관계가 깨지면서 서부를 식민지화해 제한적으로 통제하겠다는 파월의 계획이 수포로 돌아가고 대신에 뒤이어 무한 경쟁 시대가 열린 것이다.

리키

리처드 리키 Richard Leakey, 1944~
고생물학계의 명문가인 리키 가문의 영국계
케냐인, 아프리카 보호 운동의 주요 인물

조핸슨

도널드 조핸슨
Donald Johanson, 1943~
미국 고인류학자 '루시'를 발견함

* **분쟁 기간** 1978년부터
: **분쟁 원인** 언론의 개입으로 더 얽혀버린 인류 조상 유적의 정체에 관한 논란

리키 일가는 출중한 과학자를 다수 배출한 명문가이며 아마도 고인류학계
에서 가장 유명한 이름일 것이다. 루이스 리키Louis Leakey, 1903~1972와 그의 아
내 메리 리키Mary Leakey, 1913~1996는 종종 인류의 요람이자 최초의 에덴동산이
라고 일컬어지는 동아프리카 지구대의 풍부한 인류 화석지 올두바이Olduvai 협
곡에 전 세계의 이목을 집중시킨 인물이다. 그 아들인 리처드 리키는 선풍을
불러일으킨 발굴품, 아프리카 보호 운동, 저서와 텔레비전 시리즈 출연과 같
은 언론 활동으로 국제적인 명성을 얻었다. 리키 일가는 추정 연대가 약 250
만 년 전으로 호모Homo속屬에서 가장 오래된 화석 인류인 호모 하빌리스Homo

Habilis를 처음 밝혀냈다. 이들은 인류 조상의 다른 중요한 속인 오스트랄로피테쿠스Australopithecus를 현생 인류에 기여하지 않은 진화의 교착 지점으로 열외 취급하고, 호모 혈통을 더 오랜 과거까지 규명하는 데 연구를 집중했다.

라에톨리 발자국의 주인은 누구인가

리키 일가의 가장 흥미로운 성과 중 하나는 1978년에 탄자니아의 라에톨리Laetoli에서 원시 화산재 위에 찍힌 발자국을 발견한 것이다. 이는 적어도 초기 인류가 두 명 이상 지나간 흔적으로혹자는 제3의 인물이 다른 한 명의 발자국 위를 걸어 지나갔을 것으로 추정한다, 인류가 360만 년경 전에 직립 보행을 했다는 부인할 수 없는 증거였다. 리키 부부에게 이것은 자신들이 연구하는 인류의 가계도가 **호모 하빌리스**보다 훨씬 이전으로 거슬러 올라간다는 분명한 증거였다. 메리는 같은 해에 스웨덴 노벨 심포지엄에서 대규모 청중을 앞에 두고 이 발견을 발표할 기회를 얻게 되어 기대에 부풀었다. 그녀는 그 자리에서 금메달의 영예를 안을 것이 틀림없었다.

한편, 리키 부부가 모르는 사이에 다른 고인류학자 한 명도 이 심포지엄에서 메리의 연구를 거론할 예정이었다. 바로 미국인 도널드 조핸슨이었다. 그는 4년 전에 리키 부부가 '루시Lucy'라는 화석을 발굴할 때 옆에서 도운 사람이었다그는 캠프에서 유행한 〈루시 인 더 스카이 위드 다이아몬드(Lucy in the sky with diamonds)〉(비틀즈의 노래 제목-역주)라는 곡에서 따서 이름을 붙였다. 젊은 여성의 화석인 루시는 300만 살 정도밖에 안 되었다는 점을 빼고는 **호모속**의 직계 조상인 것으로 보였기 때문에 고인류학에 대단한 의미가 있었다. 그러나 조핸슨은 루시를 **오스트랄로피테쿠스**의 새로운 종에 속한다고 보고 화석이 발견된 에티오피아의 아파르Afar 지역명을 따서 **아파렌시스**afarensis라고 명명했다. 이 인류 화석의 가계를 조금 더 이전으로 본다면 새로운 종으로 분류한 조핸슨의 해석에 힘이 실릴 것이었다. 라에톨리 발자국은 비록 루시보다 꽤 오래되었고 아파르에서 수천 마일 이상 떨어져 있었지만, 그에게 딱 필요한 증거였다.

먼저 입을 뗀 것은 조핸슨이었다. 그는 라에톨리 발자국에 대해 장황하게 늘어놓으면서 **오스트랄로피테쿠스 아파렌시스**에 의해 생긴 것이 틀림없다고 선언했다. 이 소식을 듣고 메리는 경악했다. "이제 내 논문을 어떻게 발표하지? 이미 다 한 얘기잖아." 그녀는 리처드에게 이렇게 불평했고, 리처드는 후에 그녀의 심경을 "같은 내용을 반복해서 발표했다면 바보로 보였을 것이라고 생각했다"라고 설명했다. 메리에게는 조핸슨이 그 유적을 **호모**속이 아니라 그가 밀고 있는 속의 증거로 판단했다는 점이 특히 거슬렸다. 그녀는 "라에톨리 발자국의 주인공은 이제 **오스트랄로피테쿠스 아파렌시스**로 불려야 할 운명에 처했다"라며 유감을 표했다.

대를 이은 논쟁

이제 전선이 분명하게 그어진 듯했는데, 리키 일가의 얼굴로서 조핸슨을 상대하는 것은 리처드의 몫이 되었다. 적어도 언론이 설명하는 바로는 그렇다. 언론에서는 이 의견 대립을 리키 일가와 그 이름을 딴 재단으로 대표되는 보수파, 그리고 인류기원연구소Institute of Human Origins라는 자신의 조직을 따로 설립하고 리처드 리키에 대적할 만한 힘을 꾸준히 구축해가던 신진 세력인 조핸슨 간의 싸움으로 묘사했다.

양측은 월터 크롱카이트Walter Cronkite, 1916~2009가 진행한 〈크롱카이트의 우주Cronkite's Universe〉라는 미국 텔레비전 프로그램 중 1981년의 한 에피소드에서 정면으로 맞서게 되었다. 베테랑 앵커인 크롱카이트는 "루시의 발견으로

도널드 조핸슨이 유명해지기 이전에 고인류학 왕국의 왕은 리처드 리키였다"라고 설명하면서 적극적으로 싸움을 부추겼다. 언뜻 보기에도 동요한 리처드 리키는 그의 라이벌이 만든 인류 가계도를 보고 거기에 엑스표를 그으면서 물음표를 그려 넣고는 말했다. "당신이 옳다거나 틀렸다고 말하지 않겠소, 돈도널드의 약칭-역주. 하지만 나는 당신이 틀렸다고 생각하오."

이때부터 논쟁이 오랫동안 이어졌는데, 대부분은 정중하게 오갔지만 항상 그런 것은 아니었다. 이전에 리키 측과 함께 연구한 경험이 있는 조핸슨의 동료 팀 화이트Tim White, 1950~는 메리의 팀원이 발굴 과정에서 라에톨리 발자국을 도구로 훼손했다고 주장했고, 메리는 이를 '헛소리'라고 일축했다. 리처드가 그의 업적 중 가장 유명한 '투르카나Turkana 소년'이라는 별명의 **호모 에렉**

발견한 유물들을 조사하는 루이스 리키와 메리 리키
수십 년 동안 이어진 이들의 왕성한 연구 활동 덕분에 인류의 가계도에 관한 지식이 급격하게 발전했다.

"리키가 맞고 조핸슨이 틀렸다면 어땠을까?
인류의 진화를 이해하는 데 어떤 중대한 차이가 있었을까?
정답은 '없다'이다. 몇몇 사소한 사항이라면 몰라도
진화의 양상 자체를 변화시키지는 않았을 것이다."

– 밀포드 울포프, 인류학 교수, 1984년

투스Homo erectus를 온전한 상태로 1984년에 발견했을 때, 조핸슨은 이를 두고 "모두 이렇게 놀라워한다는 사실이 조금 놀랍다"라면서 비꼬았다.

메리 리키는 그녀의 자서전인 《지난날을 밝히며Disclosing the Past》에서 루시의 연대를 뒤로 늦춘 새로운 발견들은 조핸슨의 화석이 "다른 면에서는 적절할지 몰라도 인류의 조상으로 보기에는 너무 젊다"는 것을 말해준다고 주장했다. 조핸슨은 리키가※ 사람들이 개인적인 감정 때문에 이러는 것이라며 받아쳤다. "그들은 우리 사이에 있었던 일들이 가문에 대한 개인적 공격이었다고 생각하는 것 같다. 가장 실망스러운 점은 리처드나 메리 그 누구도 자신의 비평을 과학 저널을 통해서 논하지 않는다는 것이다. 그들은 언론에 기대어 우리를 비난한다." 그렇지만, 한편으로 조핸슨은 리키 가문이 이룩한 모든 것, 특히 '형언할 수 없는 중요성이 있는 수많은 시료의 발견'에 존경을 표명하기도 했다. 리키가의 일차적인 반응은 논쟁에서 물러나 사람들이 연구 성과로써 자신들을 평가하도록 두는 것이었으며, 리처드는 화석 발굴에서 손을 떼고 아프리카 보호 운동에 전념했다.

논쟁이 가장 많은 과학 분야인 고인류학

논쟁은 진공 상태에서도 살아남는다. 그리고 인류 기원에 관한 학문인 고인류학, 혹은 대중지의 흔한 표현인 잃어버린 연결 고리를 찾기 위한 탐험에는 공백들이 만연해 있다. 과학자들은 수십 명이 남긴 두개골, 유해, 도구, 발자국으로 인류 진화의 과정을 추적하고 인류의 가계도─호모속과 호모 사피엔스Homo sapiens種, 즉 현생 인류를 포함하는 가계도─를 완성하려고 노력하고 있다. 그러나 증거가 부족하고 무엇보다 온전한 고대 인류의 화석이 아주 드물기 때문에 두개골 하나 혹은 심지어 치아 하나에 크게 의지해서 해석해야 하는 경우도 가끔 있다. 과학자들은 특정한 해석을 바탕으로 경력과 명성을 쌓으므로 학문적 논쟁이 개인적 논쟁으로 번지기 쉽다.

파를 나누는 방법의 하나는 '나누는 쪽'과 '모으는 쪽'으로 분류하는 것이다. 전자는 인류의 혈통을 여러 종으로 세분하는 사람들이고, 후자는 개체들을 더 넓은 범위로 묶어서 그 안에서 관찰되는 차이를 하나의 종 안에서 예상할 수 있는 자연적인 편차라고 해석하는 사람들이다. 예를 들어서, '나누는 쪽'이 서로 다른 두 속이라고 본 케냔트로푸스Kenyanthropus와 파란트로푸스Paranthropus가 '모으는 쪽' 입장에서는 모두 오스트랄로피테쿠스종이다. '모으는 쪽' 부류에 속하는 밀포드 울포프Milford Wolpoff, 1942~는 다음과 같이 지적했다. "이 화석들에서 볼 수 있는 것보다 지금 아무 길거리에서나 지나가는 사람들에게서 볼 수 있는 차이가 더 많다."

▪▪ 아프리카기원설 대 다지역기원설

인류 기원 연구에서 최대의 논쟁은 현생 인류 집단이 어떻게 발원했는지에 대한 두 경쟁 가설 사이에서 벌어졌다. 다지역기원설이라는 한 가설은 인류가 처음에는 아프리카에서 발생했으나 100만 년 전에 아프리카 대륙을 떠나 유라시아 전역에 이주해서 빠르게 퍼지며 널리 분포한 하나의 인간종種에서 현생 인류가 진화했다는 견해이다. 정착 집단들은 각 지역의 환경에 적응했지만, 집단 간에 상호 교배가 충분히 이루어졌기 때문에 유인원 모습인 초창기의 호모 에렉투스Homo erectus부터 원시 형태의 호모 사피엔스를 거쳐 현대적인 호모 사피엔스로 진화하기까지 본질적으로 단일한 종이 유지될 수 있었다는 것이다. 앨런 윌슨Allan Wilson, 1934~1991
이나 레베카 캔Rebecca Cann과 같은 이 가설에 반대하는 사람들은 "다지역기원설의 추종자들
이 말하는 연속성은 환상일 것이다"라고 주장하지만, 이 가설은 화석에서 발견되는 특징과 동
일 지역의 현대인 집단 간에 연속성이 있다고 보는 이유를 설명해준다. 또 다지역기원설은 발
생 기간에 다소의 차이가 있는 인류 집단들, 예를 들면 네안데르탈Neanderthal인과 크로마뇽
Cro- Magnon인 간에도 상호 교배를 했을 것이라는 가정을 바탕으로 한다. 밀포드 울포프, 앨런
손Alan Thorne, 1939~2012과 함께 다지역기원설의 명망 높은 옹호자였던 에릭 트린카우스Erik
Trinkaus, 1948~는 이 가정에 대해 "동서고금을 막론하고 성행위는 한다. 이 사실은 충격적이지도
놀랍지도 않다"라고 덧붙였다.

아프리카기원설은 아프리카인기원설, 단일기원설 또는 대체설이라고도 한다. 이 가설에서는
모든 현생 인류가 약 20만 년 전에 아프리카에서 발생한 이후 길게 봐야 약 9만 년 전에 아프
리카를 떠난 소규모 집단의 후손이며 이들은 해부학적으로 이미 현대적인 호모 사피엔스에 속
한다고 보았다. 이 젊은 이주자들은 전 세계에 걸쳐 빠르게 퍼져 나가서, 훨씬 오래된 호모 에

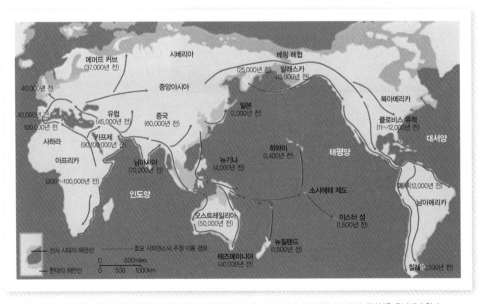

아프리카기원설에 따른 호모 사피엔스가 전 세계에 정착하게 된 과정. 지도의 거의 모든 연대가 논쟁의 대상임을 유념해야 한다.

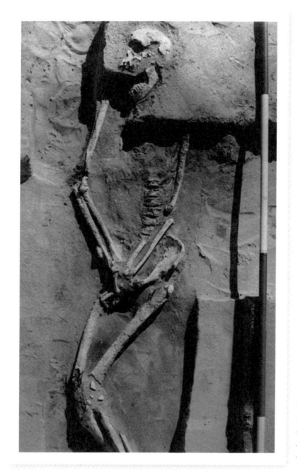

원시 호주인. 호주 멍고 호수 기슭에서 발굴된 남성의 유해. 호주의 인류 정착 연대를 더 과거로 밀어내며 많은 논란을 일으키는 유물들이 이 호수에 풍부하게 묻혀 있는 것으로 확인되었다.

렉투스의 후손들과 같은 다른 모든 호모종種을 대체해혹은 내쫓아버렸다. 집단 간의 교배는 최소한도이거나 전혀 없었고 현생 인류의 유전자 구성에 전혀 영향을 미치지 않았다.

크리스 스트링어Chris Stringer, 1947~나 스티븐 오펜하이머Stephen Oppenheimer, 1947~와 같은 유명 인사를 포함해 대다수 고인류학자는 아프리카기원설을 지지했으며, 화석의 증거와 무엇보다 유전학적 증거에 힘입어 이 이론이 주류로 널리 인정되었다. 특정 지표가 되는 유전적 차이의 유무와 진화를 분석함으로써 언제, 그리고 어디에서 이러한 차이가 생겼는지를 추론하고,

또 이를 바탕으로 언제 어디에서 서로 다른 집단으로 갈라졌는지를 확인할 수 있다. 아프리카 내에서는 인류의 역사가 10만 년 이상 이전으로 거슬러 올라가므로 차이가 광범위하다. 그러나 아프리카 외 지역에서 관찰되는 차이는 제한적이어서 모두 약 8만 년에서 7만 년 정도 전에 존재했던 하나의 소규모 집단, 심지어는 단 한 명의 개인으로 소급될 수 있다. 이러한 결과는 이 시기 즈음에 이 사람들 또는 한 사람이 아프리카를 떠나서 모든 곳에 정착하기 시작했음을 강력하게 시사한다. 이 시대를 전후로 아프리카인과 아시아인의 유물을 비교한 최근의 연구는 아프리카기원설을 더욱 확실하게 뒷받침한다. 한편, 다지역기원설 옹호자들은 멍고Mungo인의 유해와 같이 그와 반대되는 중대한 증거가 있다고 주장한다.

** 논란의 중심인 멍고인

호주의 멍고 호수는 선사 시대 인류 유적의 풍부한 원천지로, '멍고인'이라고 불리는 사람의 유골도 이곳에서 발견되었다. 이 유적을 발견하고 조각을 이어 맞추는 작업에 참여한 앨런 손은 멍고인이 해부학적으로 현생 인류에 가깝고 이 지역에서 호주 원주민에 의해 지금도 행해지는 것과 비슷한 매장 의식의 증거인 홍토로 덮여 있지만, 생존 연대가 6만 년 이상 되었기 때문에 아프리카기원설을 반증한다고 주장했다. 즉, 그는 호모 사피엔스가 처음 아프리카를 떠나온 것이 지금으로부터 1만 년에서 2만 년 정도 전에 불과하다는 점에서 아프리카기원설에 끼워 맞추기에는 멍고인의 생존 연대가 너무 오래되었다고 지적했다. 그의 견해는 2001년에 출판된 분석 결과로 더욱 확고해졌다. 이 연구에서 그는 놀랍게도 뼈에서 DNA를 복원해 분석함으로써 현생 인류에서 발견되지 않는 DNA 서열이 존재함을 밝혀냈다. 프린스턴 대학교의 인류학자인 앨런 만Alan Mann은 "멍고 정착민들은 완전히 현대인 같은 외모였기 때문에 우리와 같은 DNA를 가지고 있을 것으로 예상했지만 그렇지 않았다. 이 때문에 이야기가 걷잡을 수 없이 복잡해지는 것 같다. 이것은 크나큰 발전이다"라고 말했다. 손이 보기에 이것은 결정적인 증거였다. 2002년에 연단에서 그는 "아무리 가능성이 없어 보여도 불가능한 것을 제외하고 남는 것이 진실이다"라는 셜록 홈스의 명대사를 다음과 같이 이용했다. "불가능한 것은 아프리카기원설이며, 지역적 연속성의 가능성이 있을 뿐만 아니라 그것이 정답이자 진실이다."

그 후로 아프리카기원설의 지지자들은 손의 이론에 트집을 잡기 시작했다. 비평가들은 멍고인에게서 DNA를 발견할 수 있었던 것이 의심스럽다고 (즉, 안전 조치를 했더라도 오염 발생의 여지가 있다고) 주장하면서 확인된 특이한 DNA 서열은 단순히 멍고인의 가계와 함께 소멸했을 수 있으므로 아프리카기원설의 타당성과는 무관하다고 지적했다. 더 최근에는 멍고인을 실제로 발견한 당사자인 제임스 볼러James Bowler가 매장지에서 너무 먼 곳의 모래를 채취해서 분석했기 때문에 손의 연대 추정이 애초에 잘못된 것이라고 목소리를 높였다. 볼러는 본래 현장의 모래를 사용해 4만 년이라는 새로운 추정 연대를 내놓고 호수 주위에 인류가 처음 서식한 것은 기껏해야 5만 년 전 정도라고 했다. 그런데 런던 자연사박물관Natural History Museum의 크리스 스트링어가 최초의 이주민들이 아프리카에서 출발해서 일정 시간 내에 호주에 닿는 데에 있어서 가장 설득력 있는 설명은 1년에 1마일약 1.6킬로미터–역주 미만씩 이동했어야 한다는 것임을 지적했다.

"사실상 고미생물학의 모든 발견이
논쟁의 소재라고 할 수 있다."

– 존 네이피어, 인류학자, 《인류의 뿌리》, 1971년

케틀웰 VS 후퍼

케틀웰

버나드 케틀웰
Bernard Kettlewell, 1907~1979
생태유전학자이자 곤충학자

후퍼

주디스 후퍼
Judith Hooper, 1949~
기자이자 《나방과 인간에 대하여》의 저자

분쟁 기간 1998년부터 : **분쟁 원인** 진화의 상징, 얼룩나방
: **그 외 분쟁자** 조너선 웰스Charles Lyell, 1797~1875, 디스커버리 연구소의 연구원

구경꾼들이 보기에 죽은 사람 한 명과 살아 있는 상대편 다수 간의 싸움은 일방적인 대결이라고 생각될지 모르지만, 버나드 케틀웰은 살아 있는 그 누구보다 유능한 지지자 군단을 거느리고 있었다. 1998년에 얼룩나방의 공업 암화industrial melanism에 관한 그의 기념비적인 연구를 두고 격론이 벌어진 이래로 진화생물학자들은 케틀웰의 명예를 보호하고 반대자들의 오기, 부도덕한 저널리즘, 지적 기만을 비난하기 위해 힘을 합쳤다.

나방에 빠진 남자

버나드 케틀웰은 다채롭고 논란이 많은 경력의 소유자였다. 그는 의사로 수련하다가 의학의 길을 포기하고 제2차 세계 대전 후에 남아프리카로 날아가 곤충학에 열정을 쏟았다. 아프리카에서 그는 대륙을 종횡무진 다니며 곤충, 특히 나방을 수집하고 현장 실험을 했는데, 그의 전기 작가 제프리 모슨 Geoffrey Morson에 의하면 창의성이 돋보이고 근면함이 요구되는 실험이었다고 한다. 모슨은 "그는 외향적이고 열정적인 사람이었다. 이런 성격 때문에 종종 동료들과 격정적일 때도 있지만 대체로 건설적인 논쟁을 벌이기도 했다"라고 회고하면서 이렇게 덧붙였다. "또 다른 위대한 의대 중퇴자인 찰스 다윈과 같이 케틀웰의 연구 결과와 연구 방법 또한 천재적인 아마추어와 전문가인 학자 간에 구분이 없음을 증명하고, 중대하고 영속적인 연구는 정반대로 보이는 방법들의 정수를 뽑아 종합할 줄 아는 자들에 의해 이룩된다는 명제를 예증하는 것이었다."

케틀웰의 인기는 옥스퍼드에서 유전학자 에드먼드 브리스코 포드 Edmund Brisco Ford, 1901~1988의 후임을 맡기 위해 영국으로 돌아갔을 때 절정에 달했다. 하지만 아마추어 정신과 학문이 혼합된 그의 기이한 행보를 모든 사람이 장밋빛 시각으로 바라본 것은 아니었다. 1950년대에 일련의 실험을 수행하며 그는 '다윈이 놓친 증거'라고 부른 것, 즉 자연선택설이 실제로 일어나고 있다는 분명한 실례를 찾고자 했다. 그 노력의 결과 케틀웰은 빅토리아 시대부터 잘 알려진 현상과 관련한 기발한 연구에 성공했다. 바로 비스톤 베툴라리아 Biston betularia라는 학명의 얼룩나방의 색깔이 얼룩덜룩한 흰색에서 검은색으로 변해가는 현상이었다. 이에 대해서는 산업공해가 밝은 색깔의 지의류를 죽이고 나방이 머무는 나무의 껍질을 검게 만들었다는 견해가 지배적이었다. 그래서 흰 나방은 포식자인 새들의 눈에 잘 띄게 되고, 자연 변이 덕택에 생겨난

소수의 검은 나방은 생존에 유리해졌다는 것이다.

케틀웰은 공해로 발생한 오염의 정도가 다양한 삼림 지대에서 여러 종류의 나방을 채집해서 표시하고 놓아준 다음, 이튿날 또 최대한 많이 채집해서 상대적인 생존율을 확인하는 고통스러운 실험을 수행했다. 그와 조수들은 새들의 나방 포식 현황도 관찰했다. 이 실험은 암화暗化된 나방은 실제로 오염된 숲에서 생존하는 데 유리하며 이것으로 검은 나방이 관찰되는 빈도의 변화가 설명됨을 증명해주는 듯 보였다. 케틀웰이 오염된 나무와 오염되지 않은 나무의 몸통에 붙어 있는 흰 나방과 검은 나방을 찍은 사진은 곧바로 모든 생물학 교재에 삽화로 수록되었고, 그는 이 실험들로 명성과 학문적 영광을 얻었다. 얼룩나방은 "자연선택설의 보증 수표"였으며, 주디스 후퍼의 표현을 빌리면 얼마 지나지 않아 "제일가는 진화의 아이콘"이 되었다.

진화의 아이콘에서 사기꾼으로

케임브리지 대학교의 생태학 교수 마이클 마저러스Michael Majerus, 1954~2009는 1998년에 새로운 저서 《암화Melanism》를 출간하면서 케틀웰의 연구를 비판하는 내용을 수록하고 그의 결론 중 사소한 오류들을 꼬집었다. 마저러스는 자신도 모르게 벌집을 쑤신 것이다. 케틀웰의 결론을 오랫동안 반대해온 미국의 생물학자 테드 사전트Ted Sargent는 대담하게도 가차 없는 혹평을 게재해 "면밀하고 재현성 있는 관찰과 실험을 바탕으로 (포식자인 새가 자연 선택의 중개인이라는) 케틀웰의 설명을 뒷받침할 만한 설득력 있는 증거가 거의 없다"라고 반박했다. 또 다른 생물학자 제리 코인Jerry Coyne, 1949~은 《네이처Nature》에 수록되어 이제는 악명이 높아진 마저러스의 저서 서평에서 감정을 담아 이렇게 기술했다. "케틀웰에 대한 마저러스의 논평을 접했을 때 내 반응은 크

버나드 케틀웰
영국의 괴짜 곤충학자이자 유전학자 버나드 케틀웰이
1950년대 후반 브라질에서 곤충을 채집하는 모습. 그는
조국 영국에서 자신에게 유명세를 안겨줄 연구를 이때
에 이미 시작한 상태였다.

리스마스이브에 선물을 놓고 가는 것이 산타 할아버지가 아닌 우리 아빠임을
알아버렸을 때의 실망감 바로 그것이었다." 그러면서 "당분간 우리는 자연 선
택이 현재 진행 중이라는 실례로 널리 인정되는 이 나방을 무시해야 한다. 명
백한 진화의 일례임에도 말이다"라는 극단적인 결론을 내렸다.

이러한 웅성거림을 접한 과학 전문 기자 주디스 후퍼는 이에 대해 좀 더 자
세히 알아보기로 했다. 그녀가 밝혀낸, 혹은 밝혀냈다고 생각한 것은 깜짝 놀
랄 만한 내용이어서, 진화 과학에 큰 반향을 불러일으키고 창조론자와의 끝없
는 대립을 불러일으켰다. 호평을 받은 저서 《나방과 인간에 대하여Of Moths and
Men》에서 후퍼는 케틀웰과 포드의 파트너 관계를 상당히 다른 식으로 묘사했
다. 케틀웰은 지성의 정글 옥스퍼드의 손길이 닿지 않는 타국에 머무르던 순
진한 사람이었는데 조종 능력이 탁월한 책략가인 포드가 케틀웰에 대한 불안
감 때문에 그를 현혹하고 또 잔인하게도 왕립협회Royal Society 회원 자격을 얻
지 못하도록 막았다는 것이다. 케틀웰은 그의 반대 세력을 달래기 위해 연구
결과를 수정해야 했는데, 어쩌면 거의 조작에 가까운 수준이었는지도 모른다.

> "후퍼와 사전트는 후퍼가 섣부르게 사기라고
> 의심하기 전에 신중하게 분석했어야 한다.
> 후퍼의 주장이야말로 헛소리다."
>
> – 맷 영, 물리학자, 2004년

후퍼가 가한 치명타는 1953년에 포드가 쓴 편지 한 통이었다. 이 편지에는 그의 풀어줬다가 다시 잡기 식의 가혹한 실험이 성공률이 낮다는 것을 두고 "고무적이다", 혹은 "부담이 크다", 또는 "대단히 중요하다"와 같이 상충하는 언어로 다양하게 표현되어 있다. 케틀웰이 이 편지를 받은 직후에 재채집 비율이 급등했고, 덕분에 그의 기념비적인 연구의 결론을 내릴 토대가 마련되었다. 기상학으로도 갑작스러운 케틀웰 연구의 약진을 명확하게 설명하지 못하자, 후퍼는 "케틀웰이 실험 디자인을 바꿨을 수도 있을까?"라고 질문했다. 몇 장 뒤에는 "1953년 버밍햄에서 버나드가 실험을 약간 고쳤다는 사실을 동료들은 적어도 10년 이상 못 보고 지나쳤다"라고 적고 있다. 그녀는 결국에 이렇게 주장했다. "아직 확신할 수 없지만 사기일 가능성이 농후하다."

후퍼는 나방 실험의 다른 문제점 몇 가지를 지적하면서 "우리는 더 이상 이 같은 실험을 허용하지 않겠다", "자신을 교묘하게 속일 방법이 몇 가지 있다"라는 테드 사전트의 말을 인용해 케틀웰의 과학적 결점과 명백한 자기기만을 비난했다. 그녀는 이 소란이 처음부터 끝까지 "오류투성이 과학, 모호한 연구 방법, 희망적 기대"를 경계하라는 교훈이라면서 "얼룩나방 주위에 모여든 것은 다름 아닌 인간의 야망이며, 우리 시대의 가장 저명한 진화생물학자들 사이에 자기기만이 팽배해 있다"라고 말을 맺었다. 아마도 가장 경악할 부분은 포드가 바로 결국에 케틀웰이 자살하도록 내몰았다고 그녀가 주장한 점일 것

이다하지만 대부분의 사람들은 케틀웰이 약물을 과다 복용한 것은 현장 실험 중에 나무에서 떨어진 이후 앓던 만성 통증 때문이었을 것이라고 보았다.

얼룩진 신화와 밝혀진 진실

후퍼가 자신의 저서에서 폭로한 내용은 창조론자와 지적설계론자에게는 진화론을 무찌를 수 있는 만나기독교 성서에서 하늘에서 날마다 내려 주었다고 하는 기적의 음식–편집자 주와도 같았다50~51쪽 참고. '얼룩진 신화'라고 불린 이 반격을 주도한 것은 지적설계론의 명분을 강화하기 위해 설립된 디스커버리 연구소Discovery Institute의 선임 연구원 조너선 웰스Jonathan Wells, 1942~였다. 2000년 저서《진화의 상징들Icons of Evolution》에서 웰스는 얼룩나방에 반대되는 사례를 다른 '상징들'과 함께 제시하고, 케틀웰의 유명한 사진들은 죽은 나방을 나무의 몸통에 핀으로 꽂아서 조작한 것이라거나 실제로 나방은 나무에서 잘 쉬지 않는다는 사실 등을 증거로 내세웠다.

웰스의 '증거들'은 진화과학계를 격노케 했다. 그에게 이의를 제기한 사람들 가운데는 국립과학교육센터National Center for Science Education의 케빈 파디언Kevin Padian, 1951~과 앨런 기쉬릭Alan Gishlick도 있었는데, 이들은 "웰스는 얼룩나방 실험을 통해 주장된 자연 선택의 중요성을 옹호하는 과학자들 사이에 엄청난 음모가 있다고 믿고 싶어 한다"라고 말했다. 그러자 웰스는 "명백한 엉터리 통계를 근거로 들어 인신공격한다"라고 비난하며 파디언을 영화〈태양은 가득히The Talented Mr Ripley〉에 등장하는 반사회적인 주인공에 비유했다. 파디언과 기쉬릭은 "우리는 그런 적이 없다. 웰스는 스스로 자신을 반사회적 인격 파탄자로 만들고 있다. 어떻게 하든 그의 자유이지만, 그는 자신의 생각이 다른 사람들의 의견인 것처럼 말하고 있다"라고 주장했다. 하지만 이들이 정말로 하려는 말은 이것이었다. "웰스는 마치 리플리(태양은 가득히)의 주인공—역주 처럼 거짓과 질투에 사로잡혀서 점점 극단적인 행동으로 치닫는 기회주의자에 불과하다."

이 승강이는 케틀웰과 얼룩나방 실험을 공격하기 위한 가차 없는 논박이 중심이 된 사건 중의 일종의 연습 경기에 불과하다. 예를 들어, 마제루스는 이렇게 언성을 높였다. "케틀웰이 결과를 '조작'했다고 말하는 것은 그의 기억력을 모욕하는 것이다. 그는 연구 결과를 정직하게 빠짐없이 보고한 훌륭하고 좋은 과학자였다." 결국, 공업 암화에 관한 케틀웰의 연구 결과는 반증된 것이 아니라 오히려 그의 업적을 재현하고 발전시킨 다양한 연구를 통해 확고하게 재확인되었다. 유명한 골턴 연구소Galton Laboratory의 짐 말레Jim Mallet, 1955~에 따르면, "2000년에 발표된 논문에서 로렌스 쿡Laurence Cook이 입증한 바와 같이, 설사 케틀웰이 꾸며낸 것이었을지라도그렇다는 증거도 없지만 다른 과학자들이 성충 나방의 생존을 주제로 수행한 다른 현장 실험 30여 건이 자체적으로 이를 증명한다"라고 한다. 그는 다음과 같은 결론을 내렸다. "얼룩나방 이야기는 포식자 새에 의한 자연 선택의 예시로 사람들이 원하는 딱 그만큼 확실한 증거다."

케틀웰의 연구를 트집 잡으려 들먹인 구체적인 내용들의 진실은 무엇이었을까? 그의 유명한 사진들이 연출되었다는 것은 사실이지만, 케틀웰이 이를 부인하거나 은폐하려 한 적은 결코 없었다. 얼룩나방이 일생의 약 25퍼센트의 시간만 나무의 몸통에서 휴식을 취하고 나머지 시간은 모두 산업공해의 영향을 받는 부위인 나뭇가지의 밑면이나, 가지와 몸통의 접합부, 또는 나뭇잎에 머무른다는 것이 현대의 연구 결과로 밝혀진 것도 사실이다. 새로운 연구 결과가 나옴으로써 기존의 연구 내용이 무효가 되는 일은 없었다. 포드가 케틀웰이 사기 행위를 저지르도록 유도할 목적으로 보낸 것으로 보이는 의심스러운 편지조차 실제로는 그런 목적이 아니었다. 이 편지가 작성된 날짜는 사실 재채집 비율이 증가하기 시작한 다음 날로 밝혀진 것이다.

과학자들마저 속은 필트다운인

지적설계론 운동의 저항50~51쪽 참고과 주디스 후퍼의 의심이 있었지만, 케틀웰의 얼룩나방은 '다윈이 놓친 증거'를 만들어내어 진화론을 강화하려는 과학적 사기 행위가 아니었다. 그러나 1910년의 한 사기 행위는 이 조건에 정확히 들어맞았다. 바로 필트다운인Piltdown人 사건이다.

19세기 후반과 20세기 초반은 이른바 '잃어버린 연결 고리', 즉 인류의 조상으로 추정되는 반인반수의 유적이 인류의 혈통에 관한 다윈주의적 이론을 입증할 것이라는 기대로 떠들썩했던 시대였다. 그런 상황에서 전문 고생물학계, 특히 영국 박물관British Museum, 현 자연사박물관의 지질학 분과 책임자였던 아서 스미스 우드워드Arthur Smith Woodward, 1864~1944와 친분이 두터웠던 아마추어 화석 연구가 찰스 도슨Charles Dawson, 1864~1916이 놀라운 발견을 해냈다. 그에 따르면, 1908년경

필트다운인의 유골을 조사하고 있는 영국 인류학의 권위자들
그림의 우측에 서 있는 두 사람이 도슨과 우드워드다.

잉글랜드 남부 서식스 지방의 필트다운 마을에 있는 자갈 채굴장에서 한 일꾼이 사람의 유골 조각을 발견해 그에게 들고 왔다는 것이다. 도슨은 직접 발굴에 참여해 더 많은 조각을 찾아냈고, 1912년에 친구인 우드워드에게 도움을 요청했다. 두 사람은 힘을 합쳐서 필트다운 현장의 발굴 규모를 확장하고 석기 도구, 동물 뼈 화석, 두개골에 들어맞는 턱뼈 등 선사시대 유물들을 발견했다.

1912년 12월, 도슨은 런던 지질학학회 모임에서 자신의 성과를 발표했다. 필트다운인의 두개골과 턱뼈는

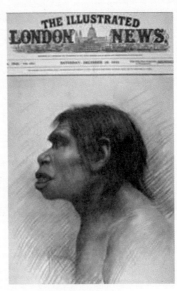

복원한 필트다운인의 얼굴
1912년 12월 28일자 《런던 뉴스》의 삽화.

그 유명한 '잃어버린 연결 고리'인 것으로 보여 당시 센세이션을 불러일으켰다. 위쪽으로 많이 솟아올라서 뇌가 들어갈 공간이 넓은 두개골은 현생 인류와 비슷했지만, 턱뼈는 유인원에 더 가까웠다. 에오안트로푸스 도스니Eoanthropus dawsoni로 명명된 필트다운인은 당대 고생물학자들의 관심을 끌었다. 필트다운인의 유골은 사람의 뇌는 인류 혈통의 초기부터 컸고 인류 자체가 유라시아 대륙에서 기원했다는 것을 시사해 그들의 예상에 꼭 들어맞았기 때문에 다윈이 제안한 아프리카기원설보다 마음에 들었던 것이다.

더 많은 발견이 뒤따르면서 이 지역의 중요성이 확고해졌다. 1914년에 발견된 고대의 크리켓 방망이처럼 생겼고 코끼리 뼈로 정교하게 만들어진 도구도 이러한 중요한 발견 중 하나였다! 도슨은 2년 후 세상을 떠났지만 그의 발견의 역사적 중요성은 반박의 여지가 없는 것처럼 보였다.

하지만 필트다운인의 출처는 처음부터 의심스러웠다. 두개골은 현대인과 너무 비슷하고 턱뼈는 현대의 유인원에 너무 비슷하다는 지적이 사그라지지 않았다. 아프리카와 극동 지방에서 뇌가 더 작은 인류의 진짜 조상이 발견되면서 필트다운의 증거와 대립을 이루었는데, 독일 과학자 프란츠 바이덴라이히Franz Weidenreich, 1873~1948는 필트다운인의 두개골을 세밀히 조사해 가짜임이 틀림없다는 결론에 도달했다. 증명할 수는 없었지만 그는 다음과 같이 말하면서 필트다운인은 사람의 두개골과 유인원의 턱뼈를 대충 꿰어맞춘 것이라고 확신했다. "에오안트로푸스 키메라가 인류 화석 목록에서 빨리 지워질수록, 과학이 더 발전할 것이다."

1953년에 이르러서야 인공적으로 더럽히고 손을 본 사람의 두개골을 오랑우탄의 턱뼈와 맞춰본 작업을 통해 마침내 필트다운인이 가짜로 판명되었다. 현재는 도슨이 선사 시대와 고대의 다른 많은 유적도 조작했다는 것이 잘 알려졌으며 마일스 러셀Miles Russell 박사는 "필트다운인은 일회성의 사기극이 아니라 일평생 작업의 정점이었다"라고 정리한다.

케틀웰의 연구에 비방이 쏟아지면서 유명한 나방 사진은 많은 교재에서 빠졌고, 동시에 진화 부분에서 얼룩나방 이야기도 누락되었다. 생물학 교수인 브루스 S. 그랜트Bruce S. Grant는 이것이 큰 실수라고 지적했다. "진화 과정 중 자연 선택의 실례인 얼룩나방의 암화 현상은 케틀웰의 시대보다 오늘날에 훨씬 심각하게 일어나고 있다. 이 최신 내용을 반영해서 교육 교재 중의 분량을 더 할애해야 하며 《나방과 인간에 대하여》를 믿을 만한 참고 문헌으로 언급하지 말아야 한다."

과학계를 흔든 사기 사건

과학은 이 세상을 설명하는 동시에 변화시키기도 하는 엄청난 성능의 도구임이 증명되고 있다. 그 위력의 근원은 과학 연구 방법, 철학, 그리고 과학이 어떻게 수행되어야 한다는 방향을 지배하는 여러 가지 관행에 있다. 관찰은 가설을 만들고, 가설은 실험을 거쳐 증거를 통해 뒷받침되지 않으면 폐기되고, 가설이 검증되면 이론이 된다. 하지만 그 후에도 다른 과학자들이 연구를 재현해보고 검토함으로써 시험을 받는다. 과학적 방법의 주된 강점 중 하나는 과학적 방법이 사기 또는 오류임을 입증하는 증거가 되기도 하고 진리로 통하는 유일한 길이라는 찬사를 받기도 한다는 것이다.

■■ 과학적 안전장치가 위협받다

현대 과학은 과학적 방법의 이상 위에 안전장치 시스템을 구축해왔다. 동료 간 검토 시스템을 통해 타당하다고 판단되는 과학 분야와 과학자들에게 연구비를 배당한다. 이렇게 수행된 연구의 결과는 학술지에 게재하는 논문의 형태로 제출되고, 다시 심사 위원의 손을 거쳐 논문의 품질과 출판 가치 여부를 평가받는다. 학술지는 연구 방법과 결과를 이론적으로 검사할 수 있고 궁극적인 안전장치로서 재현해볼 수 있는 방식으로 발표하도록 연구자들에게 요구한다.

이 시스템 덕분에 다른 과학자들도 출판된 결과를 신뢰할 수 있으며 이를 이용해 자신의 연구를 개진해나갈 수 있다. 이것이 과학이 발전하는 방식이다. 과학자는 가장 기본적인 원칙부터 증명해나가면서 매번 상처투성이로 시작하지 않아도 된다. 대신에 과학자는 아이작 뉴턴이 선구자의 말을 빌려 표현했듯이 "거인의 어깨 위에 올라서서 더 멀리 볼 수 있다". 하지만, 과학자가 이 안전장치를 믿지 못한다면 과학 체계 전체가 위협을 받는다. (영국 고생물학계에서 실제로 일어났던 필트다운인 위조 사건 때, 도슨의 가짜 화석 증거에 모순된다고 보았기 때문에 먼저 발견된 오스트랄로피테쿠스의 잔해를 과학자들이 무시해버렸던 것처럼) 과학자들의 노력이 허사가 될 뿐만 아니라, 현실 세계에도 엄청난 위험을 초래할 수 있다. 특히 의학 분야는 과학 연구가 가장 활발히 진행되면서 자칫 틀리거나 잘못된 결과가 생명을 간단하게 앗아가기도 하는 분야다.

¨ 조작, 표절, 위조의 유혹을 받다

과학 전문 기자 호러스 프리랜드 저드슨 Horace Freeland Judson, 1931~2011은 2004년에 발표한 저서 《엄청난 배신The Great Betrayal》에서 과학적 사기를 조작, 표절, 위조의 세 가지로 분류했다. 조작은 명백히 속이려는 의도로 관찰 또는 결과를 창조, 즉 완전히 꾸며내는 것이다. 한 예로, 최근에 유명했던 한국의 복제 전문가 황우석1952~ 박사의 일화를 들 수 있다. 그는 세계 최초의 복제 개인 스너피Snuppy와 복제한 인간 배아에서 줄기세포를 추출했다는 획기적인 연구를 포함해 자신의 연구 분야에서 돌파구

클론인가, 속임수인가! 현재는 실각한 한국의 줄기세포 연구자 황우석 박사와 그가 좌측의 개로부터 복제했다고 주장한 아프간하운드 스너피.

를 몇 가지 찾아냈다고 주장했다. 이후 황 박사는 국가적인 영웅이자 국제적인 과학계 유명 인사로 떠오르며 미래의 노벨상 후보로까지 언급되었고, 그의 논문은 명성 높은 학술지 《사이언스Science》에 발표되었다. 하지만 2005년에 이르러 그가 윤리 규칙을 위반하고 결과를 조작했다는 주장이 제기되어 그의 경력은 추락 일로를 달렸다. 경찰이 들이닥쳐 컴퓨터와 파일을 압수했고, 곧이어 연구비 횡령 혐의로 기소되었다. 이 밖에 눈에 띄는 또 다른 일례로 쇤 스캔들을 들 수 있다. 미국의 유명한 벨 연구소Bell Labs의 젊은 독일 물리학자 얀 헨드릭 쇤Jan Hendrik Schon, 1970~은 자신이 분자 컴퓨터 트랜지스터를 발명했다고 주장했다. 2002년 정밀 조사에서 그의 연구 결과가 조작된 것임이 밝혀질 때까지는 쇤도 마찬가지로 노벨상 수상자 후보로 거론되었다. 한 독일 교수는 이 사건을 "지난 50년을 통틀어 물리학계 최대의 사기"라고 평했다.

표절은 글, 그리고 실험 디자인이나 실험 결과와 같은 아이디어 모두를 베끼는 것이다. 하버드 대학교 교수이자 존경받는 생물학자인 리처드 르원틴Richard Lewontin, 1929은 만연해 있는 '선물 저자' 관행이 일종의 사기라고 주장했다. 이는 선임 과학자가 밑의 학생이나 후배 연구자가 쓴 논문의 제1 저자로 자신의 이름을 올리는 것인데, 그 연구에 전혀 관여하지 않은 경우도 많았다. 르원틴은 이에 대해 다음과 같이 설명했다. "연구실 책임자가 지적 공헌이 전혀 없거나

사소한 기여만 한 연구의 저작권을 당연하게 주장한다면, 그들은 보상으로 엄청난 자존심, 위신, 돈, 사회적 권력을 거머쥐는 지적 사기 행위를 끊임없이 저지르는 셈이다."

　마지막 유형의 사기는 위조인데, 아마도 가장 은밀하게 산재해 있는 사기 형태일 것이다. 위조란 진짜 실험과 연구에서 얻은 결과 또는 관찰을 비틀거나, 가다듬고 수정하거나, 혹은 간단히 무시해버리는 것이다. 속일 의도가 없더라도 위조가 발생할 수 있으며 심지어 합법적인 것으로 보이기까지 하는 방법이 여러 가지 있다. 예를 들어, 측정 기기를 제대로 보정하지 않았거나 실험 시스템에 오염 물질이 혼입된 경우처럼 어느 실험에서나 튀는 결과는 나온다. 이러한 '말도 안 되는' 결과를 버리고 싶은 마음은 당연하다. 가장 잘 알려진 예는 미세 유적油滴을 이용한 로버트 밀리컨Robert Millikan, 1868~1953의 전자 전하 결정 실험으로, 그는 이 연구로 1923년에 노벨상을 받았다. 그는 "60일 내내 실험한 모든 기름방울의 결과를 하나도 **빼놓지 않고**"

노벨상 수상자인 물리학자 로버트 앤드루 밀리컨이 캘리포니아 공과대학에 있는 자신의 실험실에서 연구 중인 모습. 그는 이 연구실에서 우주선宇宙線, 우주에서 지구로 쏟아지는 고에너지의 방사선. 밀리컨이 이 방사선을 우주선이라고 명명했다–역주을 발견했고 24년간 학장으로 근무했다.

발표했다고 호언했지만, 측정 데이터 원본 중 3분의 2를 뺀 사실이 나중에 드러났다.

더 정교한 형태의 조작은 '자의적 종료'라는 것이다. 자의적 종료란 계수 또는 측정을 종료할 선택권이 실험자에게 있어서, 그때까지의 결과가 실험자의 처음 예측 또는 목적과 부합하면 실험을 끝내는 것을 말한다. '서랍 맨 아래 칸 효과'라는 것도 있다. 거슬리거나 부정적인 연구 결과는 '서랍 맨 아래 칸에 던져넣고 잠가버린 후' 보고하지 않으면서 가설이 입증된 연구는 대대적으로 알리는 것이다. 이는 의학 연구에서 특히 문제가 된다. 많은 연구가 산업체에 의해, 또는 산업체의 연구비 후원을 받아 수행되기 때문에 의학은 업계의 요구가 과학적 방법의 총체성을 위협할 수 있는 분야다.

문제가 얼마나 심각한 것일까? 미네소타 대학교와 헬스파트너 연구 재단HealthPartners Research Foundation이 과학자 3,427명을 대상으로 2005년에 조사한 바로는, 응답자의 약 3분의 1이 모순적 사실을 무시하는 것에서부터 데이터를 위조하는 것까지 윤리적으로 미심쩍은 일에 관여한 경험이 있었다. 부당 행위는 점점 심해지는 것으로 보이는데, 그 원인 중에는 학술지 종류가 급증함에 따라 출판되는 과학 논문의 수가 점점 증가하는 사실과 세계화된 과학 연구를 감시하는 데 어려움이 따른다는 사실도 포함된다.

피델 VS 딜러헤이

스튜어트 피델
Stuart Fiedel, 1952~
고고학자

톰 딜러헤이
Tom Dillehay, 1947~
고고학자

* **분쟁 기간** 1999년
* **분쟁 원인** 플라이스토세 후기 인디언 유적지인 칠레 몬테베르데의 연대와 아메리카 대륙에 인류가 최초로 거주한 시기에 관한 논쟁
* **그 외 분쟁자** 고고학자들로 구성된 그의 몬테베르데 연구 팀

현생 인류가 마지막으로 정착한 땅은 빙하기에 바다의 수위가 변하면서 알래스카와 시베리아 사이의 육교가 사라졌다가 다시 모습을 드러내는 최서북단 지역을 제외한, 광활한 대양을 사이에 두고 구세계와 떨어져 있는 아메리카 대륙이었다. 육교가 노출될 만큼 해수면이 낮았던 어느 시기에 알래스카와 캐나다를 덮고 있던 빙하 가운데에 얼음이 없는 통로가 있었고, 같은 시기에 이 육교를 통해 아메리카 대륙으로의 중대한 인류의 이동이 이루어졌다는 것이 인류의 최초 아메리카 대륙 정착을 바라보는 전통적인 견해다.

과연 클로비스인이 원주민의 선조일까

이 인류의 서식 연대는 1929년에 처음 발견된 뉴멕시코 지역의 이름을 따서 '클로비스^{Clovis} 촉'이라 불리는 특징적인 세로 홈이 새겨진 창 촉이 아메리카 대륙 전역에 존재하는 데에서 추론된 것이다. 클로비스 촉과 함께 발굴된 뼈와 다른 증거들은 길어야 1만 1,500년 전의 것으로, 이는 신세계에 인류가 서식한 기간의 상한선으로 오랫동안 인정받아 왔다. 지배적인 설명은 동아시아에서 수렵 채집인 한 무리가 시베리아·알래스카 육교를 건너 남쪽으로 이동했는데 이곳은 경쟁이 없고 자원이 풍부해서 인구가 폭발적으로 늘어나 클로비스 문화가 신세계 대부분 지역에 빠르게 전파될 수 있었다는 것이다. DNA 증거가 아메리카 대륙의 모든 원주민은 그 선조가 동아시아인이며 비교적 최근에 두 집단으로 나뉘었다고 제시하기 때문에 이 모델에 힘이 실린다.

몬테베르데가 논란을 일으키다

그러나 훨씬 오래된 것으로 여겨지는 유적지가 여러 곳 있다는 점에서는 클로비스 모델이 지지를 잃는다. 그중에는 멕시코시티 근방에서 발견된 3만 8,000년 전의 발자국과 같은 지역에서 발견된 1만 3,000년 된 두개골도 포

클로비스 촉
약 1만 1,000년 전 플라이스토세의 지배적인 문화를 대표하는 창 촉인 전형적인 클로비스 촉을 삼면에서 촬영한 사진.

함된다. 두 유적 모두의 발굴에 참여한 실비아 곤살레스Silvia Gonzalez는 이러한 해석이 미국 고인류학 주류의 상당한 저항에 부딪힐 것이라고 보았다. 2005년 BBC와의 인터뷰에서 그녀는 "이것은 고고학계의 폭탄이 될 것이다. 우리는 싸울 준비가 되었다"라고 언급했다.

클로비스 이전 시대라고 주장되는 지역 중에 가장 집중적으로 연구되었고 일반적으로 가장 강력한 증거라고 여겨지는 곳은 칠레의 몬테베르데Monte Verde다. 이곳에서 발견된 까맣게 탄 나무와 공예품, 사람이 손을 댄 것으로 보이는 돌, 동물 유해들은 모두 인간의 존재와 활동을 의미하는 것으로 보이는데, 면밀하게 조사한 결과 클로비스 문화로부터 1,000년 전인 약 1만 2,500년 전의 것으로 판정되었다. 톰 딜러헤이가 이끄는 조사팀은 그들의 발견이 논란이 될 것으로 예상해 이 현장을 검토할 전문가 위원단을 초청했다. 그들이 내린 결론은 몬테베르데가 실제로 클로비스 이전의 흔적이라는 것이었다.

몬테베르데에서 발견한 것들

아메리카 대륙의 구석기 유적지 중 가장 중요할지도 모르는 지점은 바로 칠레 중남부 구릉 지대의 작은 강둑 위이다. 연구자들은 강의 범람과 홍수로 이곳이 늪지로 변한 결과 유기물들이 오랜 시간 동안 살아남을 수 있는 저산소 환경이 조성되어 강기슭에서 발견된 인류 거주의 증거가 수천 년 동안 보존되어 왔다고 생각했다. 원래는 이곳에 나무와 가죽으로 지어진 공동 주택이 있었고, 가림막을 이용해 비슷한 구조로 방을 구분하고 모두 현지의 갈대로 만든 밧줄로 연결해 하나로 고정되어 있었다고 여겨진다. 진흙을 발라 만든 난로가 공동체 생활의 중심부를 차지하고 있었을 것이고, 그 주위에서 다양한 먹을거리의 흔적이 발견되었다. 역사상 가장 오래된 감자, 37마일60킬로미터 정도 떨어진 해안에서 가져왔을 것으로 보이는 해초, 그리고 이 지역에는 없었기 때문에 상거래 네트워크의 가능성을 증명하는 식물들이 그것이다. 그 밖의 발굴품으로는 마스토돈의 뼈를 포함한 동물 뼈, 석기, 화석화된 인분과 어린이의 발자국이 있었다.

클로비스 이전에도 사람이 살았다

그로부터 2년 후, 고고학자 스튜어트 피델이 몬테베르데의 증거를 검토하고 혹독한 말들을 쏟아냈다. 몬테베르데 현장 보고서에서 적지 않은 오류와 공백, 불일치를 발견해내고 이 유적이 정말로 클로비스 이전의 것이라는 주장에 대해 "골칫거리 의혹"을 불러일으킨다고 지적했다. 이에 몬테베르데 연구 팀원들은 격분했다. 마이클 콜린스Michael Collins는 "그의 견해는 분명하게 한쪽으로 치우쳐 있으며 어조도 부정적이다. 그는 자신의 논문 요지와 일치하지 않는 증거들을 무시하고, 그가 다룬 각 사례를 부정적이고 현실성 없는 다른 각도에서 본다"라고 피델을 힐난했다. 또 몬테베르데 연구 팀의 책임자인 톰 딜러헤이는 이보다 심하게 피델의 지적을 혹평하고 "피델은 몬테베르데와 같이 막 발굴된 고고학 유적지를 장기적이고 다각적으로 연구하는 이유를 이해하지 못하는 것이 틀림없다"라고 불평했다.

이 논쟁은 아직 진정되지 않았다. 그러나 클로비스 시대 이전에 해안 경로를 통해서 인간 집단이 아메리카 대륙으로 이주한 일이 적어도 한 번은 있었을 것이라는 쪽으로 점점 의견이 모이고 있다. 천해淺海 길에 훤한 종족이 조개나 물개와 같이 해안에서 얻을 수 있는 자원으로 식량 문제를 해결하며 아메리카 대륙 북서부의 건너편인 시베리아 동쪽 연안의 조류와 해초 숲을 따라 이동했을 가능성이 있다. 실제로도 캘리포니아 연안에서 떨어진 채널 제도에는 클로비스 이전 시기 인류의 정착 흔적이 있는 것으로 보인다.

케너윅인

워싱턴 주 케너윅Kennewick에서 발견된 9,300년
된 두개골은 여러 방면에서 논쟁의 불씨가 되었다.
동아시아인 조상으로부터 물려받은 것이 거의 확실
한 더 짧고 넓은 현대 미국 원주민의 두개골과 달리,
케너윅인은 연대는 클로비스 시대 이후이지만 장두형,
즉 길고 갸름한 두개골 형태를 보인다. 따라서 케너
윅인은 지배적인 클로비스 문화 세력과는 별개로
일부 인간들이 아메리카 대륙에 도착해서 정착했다

케너윅인의 얼굴
복원한 모습에서 길쭉한 두상이
눈에 띈다.

는 강력한 증거로 여겨진다. 그들은 과연 어디에서, 어떻게 온 것일까?

일각에서는 케너윅인의 두개골 형태가 호주 원주민을 연상케 하며 최초의 아메
리카인은 어떤 방법으로든 태평양을 건너온 호주인이었다고 주장한다태평양 제도
의 폴리네시아 정착지가 이것이 이론적으로 가능함을 증명해준다. 몇몇 인종차별주의자 또는
백인지상주의자를 포함한 어떤 세력은 케너윅인을 이용해 최초의 아메리카인은
유럽 출신이며 바이킹이 활개치기 수천 년 전에 대서양을 건너왔다고 주장한다.
심지어 케너윅인은 역사에서 사라진 이스라엘의 한 부족이라는 설도 있다. 또 워
싱턴 주의 미국 원주민들은 미국 원주민 무덤 보호 및 송환법Native American Graves
Protection and Repatriation Act에 따라 케너윅인이 자신들의 조상이라고 주장한다. 그
러나 인종 기원에 대한 의문이 남아 있기에, 지금까지는 과학자들이 연구를 위해
유해에 접근할 수 있는 권한을 빼앗기지 않고 잘 지켜내고 있다.

스미트

안 스미트 (분쟁 당사자)
Jan Smit, 1948~
임스테르담 자유 대학교의 지구과학 교수

VS

켈러

게르타 켈러
Gerta Keller, 1945~
프린스턴 대학교의 지구과학 교수

분쟁 기간 2001년부터 ⋮ **분쟁 원인** 무엇이 공룡을 멸종시켰는가

 대멸종은 지구 상의 생명체들이 걸어온 역사의 일면이다. 그중에서 공룡 시대를 한순간에 끝내버린 멸종 사건은 최대 규모는 아니었더라도 대중의 상상력을 자극하기에 충분하다. 공룡은 1억 6,000만 년 동안 이 행성을 지배하다가 지질학적 관점에서 보자면 그야말로 눈 깜짝할 사이에 사라져버렸다. 이 지질학적으로 찰나의 순간, 즉 백악기와 제3기의 경계점을 K-T 경계라고 하고 이 시대의 암석에는 실제로 층이 있어서 구분할 수 있다, 그것이 무엇이든 간에 공룡을 멸종시킨 그 일을 K-T 멸종 사건이라고 한다. 새를 제외한 모든 종의 공룡이 플레시오사우루스와 해양 식물플랑크톤을 포함한 다른 여러 동식물과 함께 K-T 경계 시점에 사라진 것으로 보인다.

운석이 충돌한 증거가 발견되다

K-T 멸종 사건이 정확히 어떻게 일어났는지는 미스터리였지만, 단서가 하나둘씩 나타나기 시작했다. 1979년 K-T 지층을 분석한 결과 지구 상에서는 드물지만 소행성에서는 흔히 발견되는 원소인 이리듐의 수치가 매우 높은 것으로 확인되었다. 이는 거대한 운석이 지구에 떨어져 증발하면서 그 안에 들어 있던 이리듐을 지구 전체에 흩뿌려 얇은 막으로 내려앉았음을 시사한다. 이어진 연구에서는 소구체층 위에 그을음층이 있고 그 위에 매우 농밀한 양치식물 포자층이 존재하는 것으로 확인되었다. 용융된 암석이 우주에서 폭발하여 작은 물방울 상태에서 냉각되며 작은 구슬 모양의 돌이 되어 지구에 비처럼 내린 것을 소구체라고 하며, 그을음층은 아마도 운석 충돌과 하얗게 불타는 소구체의 비로 대화재가 촉발되었을 것임을 의심케 한다. 양치식물의 대량 분포는 보통 다른 식생은 전멸했음을 의미한다.

시나리오는 다음과 같이 형태를 갖춰갔다. 약 6,500만 년 전에 지름 6마일10킬로미터의 거대한 운석이 지구에 충돌한다. 우주 암석은 그대로 증발하지만, 직접적으로 부딪힌 표층이 대기 중에 수백만 톤의 입자를 내뿜는다. 화재가 지구를 황폐화하고, 아마도 이어서 산성비가 내린다. 그 여파로 겨울이 찾아와 충돌 이후 대기 중에 날아다니던 검댕과 먼지가 지구 표면을 감싸 수개월 혹은 수년 동안 햇빛을 가린다. 이 대재앙과 그 후유증에 공룡과 그 밖의 많은 동물종이 적응하지 못한다. 그러나 포유류와 같은 일부 생명체는 땅속에 숨어 있거나 해서 불과 추위를 피해 살아남는다.

이 정도로 엄청난 충격이 가해졌으면 운석 구덩이가 뚜렷하게 남아야 하는데, 현재 알려진 바로는 이 시기에 그럴 만한 사건이 없었다. 지질학자 앨런 힐데브란트Alan Hildebrand는 1980년대 동안 원인 후보들을 조사하고 소구체의 밀도를 추적한 끝에 카리브 해 주변이 가장 두껍다는 사실을 알아냈다. 1990

년에 그는 석유지질학자 글렌 펜필드Glen Penfield가 1978년에 멕시코 유카탄Yucatan 반도의 지형에서 이상한 점을 발견했다는 사실에 주목했다. 이것은 칙슐루브Chicxulub 마을에 원심을 둔 6,500만 년 된 크레이터인데, 지금은 공룡을 멸종시킨 운석의 흔적으로 널리 인정되고 있다.

내가 옳았고 다른 사람들이 모두 틀렸다

칙슐루브 충돌 이론을 앞서 주창한 사람은 소구체의 증거를 발견한 네덜란드 지질학자 얀 스미트였다. 스미트는 연쇄 사건을 설명하는 것으로 보이는 층서학적지층의 분포와 형태를 분석해서 지층의 연대와 당시 자연환경, 발생한 사건 등을 추론하는 학문−역주 증거를 발견해냈다. 중간에서 소구체층과 이리듐층을 구분하는 것은 사암 퇴

충돌의 흔적
유카탄 반도의 좌측 상단에 거대 충돌의 결과인 크레이터 일부로 보이는 지형이 있다(원호 모양의 진한 녹색 선). 나머지 부분은 파도 아래 잠겨 있다.

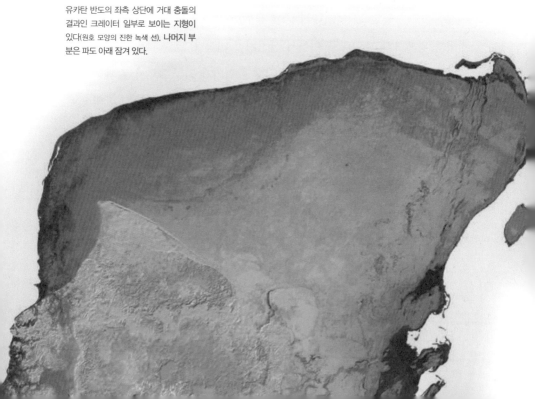

적층이었는데, 그는 이것을 높이가 수천 피트에 달하는 거대한 쓰나미가 엄청 난 양의 모래를 퍼올려 충돌로 생긴 최초의 소구체층 위로 곧바로 쏟아냈다 는 증거로 보았다. 입자가 더 미세한 이리듐 먼지는 가라앉으려면 시간이 더 걸리기 때문에 사암의 맨 위를 덮게 되었고, 이 전체 과정은 단 며칠 만에 이 루어졌다.

하지만 게르타 켈러는 층서학적 증거를 아주 다른 시각으로 보았다. 켈러 는 동료인 볼프강 스틴스벡Wolfgang Stinnesbeck과 함께 이 지역의 비슷한 퇴적 층을 조사하고 스미트의 이론이 틀렸다고 판단해 다음과 같이 평했다. "그럴 듯한 이야기이지만 자세히 살펴보면 앞뒤가 맞지 않는다. 미심쩍은 부분도 있 고, 그저 말도 안 될 뿐이다." 그녀는 사암층이 생성되려면 며칠이 아니라 훨 씬 긴 시간이 필요하다는 증거를 확보했다. 벌레의 흔적과 갑각류의 자국은 수천 년에 걸쳐 굳혀지며, 관입층에서 다른 암석의 형성기가 보이고, 자리 잡 는 데 오랜 시간이 걸렸을 결이 고운 진흙 덩어리가 노출되어 있으며, 충돌에 수반되었을 것으로 추정되는 산성비에는 견뎌내지 못하는 석회암 암반이 존 재한다는 사실이 그것이다. 그리고 아마도 가장 중요한 증거는, 바로 사암에 서 26피트8미터 정도 아래에 또 다른 소구체층이 있다는 것이다.

이 두 번째 층을 발견했을 때 켈러는 감격의 순간을 맛보았다. "나는 내가 옳았고 다른 사람들이 모두 틀렸다는 것을 깨달았다. 그러면 역사상 최대의 재앙에 대해 과학 자체가 틀렸다는 것이 된다." 그녀의 해석은 이랬다. 훨씬 오래된 이 아래의 소구체층이 진짜 칙슐루브 크레이터의 흔적이고, 더 젊은 위쪽의 소구체와 이리듐 먼지 층은 아직 크레이터가 발견되지 않은 30만 년 경 후의 다른 충돌로 생겼다는 것이다.

아무 소용없는 결정적 증거

바로 이 시점부터 상황이 지저분해지기 시작했다. 스미트는 켈러의 해석과 과학자로서의 그녀의 능력에 의문을 제기했다. "게르타 켈러가 증거라고 하는 것들을 생각하면 그 어떤 부분도 말이 안 되기 때문에 화가 난다. 내가 보기에는 전혀 과학적이지 않은 주장에 기반하고 있다." 이에 켈러는 스미트가 자신의 상처 입은 이론을 비호하기 위해 독설을 내뱉는 것이라며 비난했다. "그는 엄청난 위기에 처해 있다. …… 그는 충돌 쓰나미 가설을 살리려고 절박한 상태다."

2001년 후반에는 논란을 잠재우기 위한 노력의 일환으로 석유 시추용 착암기를 사용해 크레이터 아래로 구멍을 뚫고 내려가 암석의 순서와 그 밖의 증거들을 밝혀줄 중심부 샘플을 채취했다. 중심부 샘플의 대부분은 칙슐루브 충돌로 부서져 산산조각이 난 암석 조각들이었지만, 가루가 된 암석과 이리듐 층 사이에 단단한 지층이 하나 있었다. 이 지층으로 누구의 이론이 옳았는지를 판가름 날 수 있었다. 이 지층이 거의 한순간에 생긴 것이라면 켈러의 이중 충돌 가설의 손을 들어줄 터였다.

조사를 진행하고 다른 관계자들에게 나누어주기 위해 중심부 샘플이 스미트에게 바로 보내졌다. 그 사실에 켈러와 그녀의 지지자들은 질겁했고, 스미트가 샘플 공급을 1년 동안 미루자 몹시 분노했다. 인도 대학교의 지질화학자 에리카 엘스윅Erika Elswick은 2003년 학술지 《네이처》에 "우리는 경악을 금치 못했다. 어떠한 해명도, 사과도 없었다"라고 기고했다. 켈러는 나름대로 그 이

유를 헤아리고 있었다. 2003년 4월 프랑스 니스에서 유럽 지구과학 연합Euro-pean Union of Geosciences의 중요한 컨퍼런스가 열리기로 되어 있었는데, 켈러의 주장으로는 스미트가 켈러의 결과 발표를 늦추어 이 자리에서 자신에게 걸림돌이 되지 않게 하려고 한 것이었다. 스미트는 이를 두고 "터무니없다"고 응수했다. 그는 샘플 제공이 늦어진 것은 단지 자신의 일정이 바빴기 때문이라고 밝혔는데, 실제로 켈러는 컨퍼런스에서 논문을 발표하기 전에 중심부 샘플을 조사할 여유가 있었다. 이 논문에서 그녀는 자신의 주장이 옳다는 결정적 증거로 판단한 점들을 개괄했다. 해록석이라는 녹색 점토 광물과 플랑크톤 화석이 바로 그것이었다. 해록석은 생성되려면 평온한 상태가 오래 지속되어야 하며 이 종種의 플랑크톤은 K-T 사건 때문에 절멸한 것으로 추정된다. 그녀가 옳다면, 칙술루브 충돌과 K-T 사건은 서로 별개의 사건임이 틀림없었다.

스미트는 켈러의 분석이 엉망진창으로 틀렸다고 혹평했다. 플랑크톤 화석은 그랬으면 하는 마음에 확대 해석된 자연 발생 결정에 불과하며 해록석은 실제로는 아주 빨리 생성되는 광물인 녹점토라는 것이었다. "이렇게 또다시 실수를 저지르다니. 점토 광물에 지나친 무게를 두어서 잘못 해석하고 말았다." 착암 연구는 아무것도 해결하지 못했고 갈등의 골은 계속 깊어만 갔다. 스미트가 "우리는 모든 증거를 살펴보았고 그 어느 것도 인정하지 못한다. 그녀의 주장 중에는 타당성 있는 것이 단 하나도 없다"라고 말하자, 켈러는 "그는 이 충돌 쓰나미 가설 하나로 지금의 자리에 올랐는데 이제는 자신의 가설이 눈앞에서 무너지는 것을 느끼고 있다"라고 되받아쳤다.

운석 충돌의 상상도
멕시코 칙술루브의 운석 충돌이 지구 상에서 공룡을 쓸어버린 K-T 사건의 가장 유력한 후보다.

최근에는 두 사람의 주장이 모두 틀렸을 수 있다는 증거가 모이고 있다. 이와 동시에 공룡 개체 수 감소가 수백만 년에 걸친 지구 온난화와 관련 있고, 데칸 트랩Deccan Traps이라는 K-T 경계 부위 근방에서 대규모 화산 폭발로 분출된 용암이 인도 서부 대부분을 뒤덮어버리면서 대기 중에 엄청난 양의 가스를 방출해 온난화가 가속되었다는 것으로 K-T 멸종 사건을 바라보는 조심스러운 견해가 나타났다. 한편, 혹자는 스미트와 켈러의 반목이 공룡 멸종의 진짜 이유에 관해 혼란을 일으켰을 뿐만 아니라 과학 자체도 훼손했다고 생각한다. 런던 자연사박물관의 노먼 매클라우드Norman MacLeod는 이렇게 말한다. "이 스캔들은 공룡에 대한 논란 전체가 어떻게 편파적이고 비윤리적으로 변해갔는지를 보여주는 객관적인 교훈이다. 이제 젊은 과학자들은 이 분야에 참여하려고 하지 않는다. 어떤 말을 하든 누군가의 기분을 상하게 하고 자신의 경력을 망칠 것이기 때문이다. 어떤 말을 하든 누군가는 그것 때문에 당신을 싫어하게 될 것이다."

제이콥
VS
브라운

트카 제이콥
Teuka Jacob, 1929~2007
고생물학자

피터 브라운
Peter Brown, 1954~
고생물학자

* **분쟁 기간** 2005년부터 : **분쟁 원인** 호모 플로레시엔시스의 존재를 둘러싼 논란
: **그 외 분쟁자** 마이크 머우드Mike Morwood, 1950~, 버트 로버츠Bert Roberts, 1959~ 등
인도네시아 플로렌스 섬에 있는 리앙부아 동굴을 조사한 호주·인도
네시아 연구 팀

지난 10년 사이에 일어난 고인류학 최대의 발전은 동시에 고인류학 역사상 최대의 갈등을 일으키기도 했다. 2004년 호주와 인도네시아 과학자들로 구성된 한 연구 팀이 최고의 학술지 《네이처》에 놀라운 발견에 대한 논문 한 편을 발표했다. 인도네시아 플로레스 섬의 석회 동굴에서 발견된 뼈와 두개골이 이제까지 알려진 바 없던 인류종이 불과 1만 3,000년 전까지만 해도 그곳에 살았음을 증명하는 것으로 보인다는 내용이었다. 이 인류는 호모 플로레시엔시스로 명명되었으나 작은 키 때문에 호빗이라는 별명으로 더 유명하다.

이 호빗들은 호모 사피엔스를 제외하고는 비교적 최근까지 살아남아서 우리와 수천 년을 공존해온 유일한 호모속이다. 이 발견은 전설적인 오랑펜덱orang-pendek, 수마트라 섬에 살았다는 전설의 영장류−역주과 같은 인도네시아 원인猿人에 대한 추측과 세계 곳곳의 민속 설화에 공통으로 등장하는 '작은 사람'의 기원에 대한 가설들에 놀라운 전환점이 되었다. 또한, 인류 다지역기원설을 그 기반이 심각하게 흔들릴 정도로 위협하는 한편 아프리카 기원설에 힘을 실어주는 것이었기에68~72쪽 참고 호빗은 과학계의 격렬한 논쟁이 벌어지는 한가운데로 내던져졌다.

호빗을 발견하다

호빗 연구 팀은 여덟 명의 뼈를 근거로 새로운 인류종을 발표했는데, 여기에는 크기가 현생 인류의 딱 3분의 1인 두개골 하나도 포함되었다. 처음에 세워진 가설은 호모 플로레시엔시스가 적어도 8만 년 이상 전에 이 섬에 정착한 호모 에렉투스 집단의 후손이며 고립된 서식지에서 살며 훨씬 작은 체구로 진화했다는 것이었다. 그러나 유골의 몇 가지 특징은 이 가설에 부합하지 않고 호빗 가계가 100만 년 전에 다른 호모종에서 갈라져 나왔음을 말해주는 것으로 보였다. 호빗들이 어떤 식으로든 플로레스 섬에 닿게 되어 확연히 구분되는 호모 사피엔스종과 함께 살아가다가 결국 이들에 의해 멸종되었다는 것이다. 이것은 여

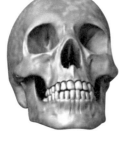

작은 두개골과 큰 두개골
크기 비교를 위해 호모 플로레시엔시스(좌)와 호모 사피엔스(우)의 두개골을 나란히 놓은 모습.

마이크 머우드 교수

플로레스 섬에서 호빗의 흔적을 발견한 연구 팀의 리더 마이크 머우드 교수가 논쟁의 중심이 된 작은 두개골을 들어 보이고 있다.

러 곳에 퍼져 서식하던 호모 집단 간에 상호 교배가 이루어져 모두 함께 현생 인류로 진화하는 동안 단일한 종으로 유지될 수 있었다는 다지역기원설 옹호자들이 짠 시나리오와 정반대되는 설명이다. 인도네시아의 원로 고인류학자이자 독실한 다지역기원설 지지자인 트카 제이콥 교수가 그의 자랑스러운 이론이 바로 그의 뒷마당에서 이렇게 강타당하는 것을 보고 분개한 것은 그리 놀랄 일이 아닐 것이다.

2004년 자카르타에 있는 제이콥의 연구실에 호빗의 유해가 도착했는데, 그는 이곳에서 호모 플로레시엔시스 가설을 반박하는 활동을 시작했다. 이를 계기로 악감정이 즉각적으로 표면화되어, 제이콥이 뼈를 가로채 사람들의 접근을 막으려 한다는 경계의 목소리가 높아졌다.《네이처》에 게재된 논문의 공동 저자 중 한 사람인 리처드Richard 혹은 버트 로버츠는 "제이콥은 화석을 오래 붙들고 있는 버릇이 있다. 그가 그렇게나 확고하게 지지하는 연구를 저지하려면 이 유골을 오래 가지고 있지 못하게 해야 한다"라며 험악하게 경고했다. 제이콥이 뼈를 훼손했다는 의혹이 제기되기도 했다. 제이콥은 이러한 혐의들에 강력하게 반발했다. 호빗 연구 팀 쪽에서 자신에게 뼈를 보냈고 심지어 운송비 조로 돈까지 주었으며 자신은 2005년 3월에 그것을 온전한 상태로 안전하게 되돌려보냈다는 것이었다.

과학 테러리스트라고 비난하다

이쯤에서 제이콥은 호빗 연구 팀과 그들의 해석에 대해 분명한 입장을 정하고, 이 뼈가 단순히 인도네시아 동일 지역에서 널리 발견되는 피그미족의 것에 불과하다고 표명했다. 그의 설명대로라면 두개골이 작은 것은 뇌가 제대로 발달하지 못하는 병인 소두증小頭症 때문이고, 제이콥의 친구이자 후원자인 다지역기원설 지지자 앨런 손이 '병든 피그미인'이라고 칭한 한 사람의 유해일 뿐이었다.

제이콥은 "비교 자료도 없이 연구를 수행했다"라면서 호주 과학자들에게 험한 말들을 쏟아내고 사람들에게 생각을 강요했다는 이유로 이들을 '과학 테러리스트'라고 불렀다. "호주 사람 중에는 전문가가 없는 것 같다. 이들은 매우 편협했다. 시야가 좁고 이 분야에 대한 자질도 부족하다. …… '더 노력하시오. 두 번 생각하시오. 모든 사물을 여러 각도에서 바라보시오. 결론부터 내고 시작하지 마시오'라고 말해주고 싶다." 그는 《네이처》가 논문 초고의 심사 위원으로 선정했던 과학자들에 대해서도 의구심을 제기했다. "검토 위원들이 공정하지 않게 선정된 것 같다. 지나치게 편파적이다."

우리는 실수를 반복한다

'호주 사람들'은 반격에 나섰다. 로버츠는 일목요연하게 정리해 《네이처》는 논문 한 편당 심사 위원 여섯 명을 두는데, 내가 아는 바로는 최대 인원이다. 이들은 신중에 신중을 기했다"라는 말로 심사 위원들에 대한 의혹을 반박했다. 아울러 그의 연구 팀에 대해서는 다음과 같이 항변했다. "지형학자, 지질연대학자, 고고학자, 고인류학자 등 모든 분야에서 이 연구에 참여하고 있다. …… 우리는 온갖 수단과 방법을 동원해 연구에 임했다. 세상에, 논문 저자만 쳐도 축구 팀 규모였다." 로버츠의 말을 빌리면, 제이콥과 다른 비평가들의 진짜 동기는 그들의 자랑스러운 진화 모델을 보호하는 것이었다. "그들은 모두 다지역기원론 옹호자다. …… 우리의 발견은 그들의 이론을 끝장낼 것이다. 이만하면 (호모 플로레시엔시스를 반대하기에) 충분한 동기 아닌가?"

호빗 연구 팀을 이끌던 피터 브라운은 더 직설적으로 대응했다. 그는 "이 시료는 단순한 피그미족의 것일 수 있다. …… 플로렌스 섬에 왜소한 몸집의 사람들이 사는 것이 사실이니까"라는 제이콥의 주장을 '완전히 쓰레기'라거나 '오기'라며 묵살했다. 그런 한편으로 "하지만 피그미인의 뇌는 우리의 3분의 1 크기가 아니며 호모 플로레시엔시스처럼 골반이 특이한 모양이거나 팔이 비정상적으로 길지도 않다"라고 지적하며 맞섰다.

이 작은 말다툼을 시작으로 호빗의 두개골을 둘러싼 논란이 크게 번져나갔으며, 연구자들 간에 비방이 오가고 서로의 결론을 비판했다. 최초 논문의 편을 들어주었던 《네이처》 편집자 헨리 지Henry Gee, 1962~ 는 이렇게 정리했다. "과학은 본래 논란이 많은 분야이고, 그중에서도 인류의 진화는 훨씬 논쟁이 심한 것으로 악명이 높다. 역사적으로 새로운 인류의 기원이 발견될 때마다 많은 사람이 몰려들어서 이건 유인원입네 혹은 이건 병든 사람입네 하고 한마디씩 한다." 그는 호빗 연구 팀이 호모 플로레시엔시스를 입증하려면 뼈 유적을 더 발견해야 한다는 점은 인정했지만 역사는 자신들의 편이라고 굳게 믿었다.

사실 역사는 우리가 실수를 반복할 운명임을 말해준다. 14세기에 마르코 폴로Marco Polo, 1254~1324는 수마트라 원주민이 여행객들에게 피그미족의 미라를 어떻게 기념품으로 팔려고 했는지를 기술한 바 있다. 오늘날 우리는 피그미족이 실제로 이 섬에 산다는 사실을 알고 있지만, 폴로는 후일의 제이콥과 같이 이 사실을 전혀 믿지 않았다. 그는 이렇게 선언했다. "이것은 모두 거짓이고 사기다. 이 작은 사람들은 …… 섬에서 생산되는 상품이다."

chapter 3

생물학과 의학 분야

하비
VS
프림로즈

윌리엄 하비
William Harvey, 1578~1657
의사

제임스 프림로즈
James Primrose, 1600~1659
의사

˙ 분쟁 기간 1628~1650년대 ː 분쟁 원인 혈액의 순환
ː 그 외 분쟁자 장 리올랑Jean Riolan the Younger, 1580~1657, 의사

    1628년에 영국 의사 윌리엄 하비의 혁명적인 저서《동물의 심장과 혈액의 운동에 관한 해부학적 연구Exercitatio de motu cordis et sanguinis in animalibus》가 출판되었다. 이 책은 'De Motu Cordis', 즉 '동물의 심장'으로 더 잘 알려졌는데 하비는 책에서 1,400년 동안 이어진 의학계의 정설을 뒤엎을 것이라 확신하게 된 면밀한 실험에 대해 설명했다. 이 연구는 의사들이 줄곧 법으로 여겨온 그리스 의사 갈레노스Galenos, 129~199의 가르침과 정면으로 배치되는 것이었다.

갈레노스를 부정하라

갈레노스의 이론에 의하면 간에서 음식이 혈액으로 바뀌고, 그 혈액이 심장에서 데워지며 생명의 영혼이 깃들고, 그런 다음 혈관을 통해 스며 나와 몸에 영양분을 공급한다고 한다. 하비는 사체 해부, 생체 해부, 그리고 그 밖의 실험들을 통해 심장은 격렬하게 작동하는 펌프라는 것을 밝혀냈다. 그뿐만 아니라 심장을 지나는 혈액의 부피를 보았을 때 몸 안 구석구석 빠짐없이 채우기에는 부족한 양이라는 사실도 포착했다. 혈액이 순환하는 것이 아니라면 말이다.

갈레노스는 심장 중격心臟 中隔, 즉 심장의 두 심실 사이를 나누는 근육 벽에 구멍이 나 있어 한쪽에서 다른 쪽으로 혈액이 스며나갈 수 있다고 가르쳤지만, 하비의 생각은 달랐다. "구멍 같은 건 없어. 하지만 증명할 길이 없군." 대신에 하비는 심장의 혈액을 받는 동맥과 혈액을 다시 심장으로 보내는 정맥 사이에 미세한 혈관들의 네트워크가 있어서 하나의 순환 회로가 완성된다고 단정했다.하지만 여전히 증명할 수는 없었다.

모두를 적으로 만드는 진실인 혈액 순환

하비는 자신의 새로운 이론이 여러 방면에서 논란을 불러일으킬 것임을 알고 있었다.《동물의 심장》에서 그는 다음과 같이 적었다. "이제부터 설명할 혈액의 양과 근원에 관

윌리엄 하비
그는 케임브리지와 이탈리아 파도바에서 의학 교육을 받았는데, 이곳에서 베살리우스나 파브리키우스와 같이 인체를 직접 조사하는 것의 중요성을 강조한 해부학자들의 영향을 받았다.

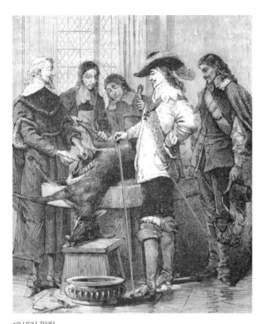

19세기 판화
하비가 찰스 1세 앞에서 사슴을 이용해 혈액 순환 이론을 증명해 보이고 있다.

한 이론은 아무리 심각하게 심사숙고하더라도 너무나 생소하고 예기치 않은 내용이어서, 소수의 사람들에게 손가락질을 받을 뿐만 아니라 모든 사람을 적으로 돌릴지도 모른다는 것이 두렵다. 관습이나 원칙이 한 번 정착하면 뿌리를 깊게 내려 또 다른 근성이 되기 마련이고, 모든 사람은 옛것에 대한 경외심을 느끼기 때문이다."

하비를 상대로 처음 반대의 목소리를 낸 축에는 젊은 의사 제임스 프림로즈가 있었다. 그는 유명한 신생 이론을 공격함으로써 이름을 날리고 싶어 한 인물이었다. 의학역사가 로저 프렌치Roger French가 "스스로 유명해지려는 수단에 불과했다"라고 평한 《논의와 비평Exercitations and animadversions》이라는 제목의 1630년 소책자에서 프림로즈는 하비의 이론은 전통 의학을 무너뜨리려는 한때의 새로운 아이디어에 지나지 않는다고 비판했다. 프림로즈는 정작 그 자신은 어떠한 실험도 하지 않으면서, 하비의 심장 박출량 계산법에 반대하고 하비의 추종자들이 '마치 신탁을 받은 것처럼' 하비의 말을 떠받든다고 비꼬았다.

하비를 비난하는 사람들은 대부분 보수파 출신이었고, 일반적으로 젊은 의사들은 그를 지지했다. 그런데 프림로즈는 왜 달랐을까? 역사가 제프리 케인스Geoffrey Keynes, 1887~1982는 프림로즈가 '선천적으로 새로운 아이디어를 수용할 줄 모르는 사람'이라고 설명했지만 그의 동기는 더 복잡했는지도 모른다. 프렌치는 프림로즈가 하비의 책에 반감을 품게 된 것은 왕립의과대학College of Physicians 총장이었던 존 아젠트John Argent와의 말다툼에서 시작되었을 수도 있다고 보았다. 하비가 옳을 가능성에 대한 짧은 대화가 오간 끝에 프림로즈가 아젠트에게 호되게 당하고, 그만 가서 하비의 연구를 더 읽어보라는 소리를 들었다는 것이다. 또 다른 설로는 프림로즈가 외국인이라는 이유로사실 프림로즈의 아버지는 스코틀랜드 출신이었고 프림로즈는 프랑스에서 성장했다 강의 자리와 채용 기회를 잃었던 바로 그 대학에서 하비가 심사관 중 한 명이었기 때문에 척을 지게 되었다는 이야기도 있다.

보수파의 갈레노스 구하기

새로운 이론의 강연차 유럽을 방문했을 때, 하비는 독일 알트도르프 대학교의 의과대학 교수 카스파르 호프만Caspar Hofmann, 1572~1648과 충돌하게 되었다. 1636년에 하비가 그를 위해서 생체 해부를 통해 혈액 순환을 시연해 보였지만 그는 요지부동이었다. 호프만은 혈액이 담즙으로 재생되는 것을 순환이라고 불러야 한다고 생각했고, 심장 박출량을 측정하려는 하비에게 정량할 수 없는 것을 감히 정량하려고 한다며 못마땅해했다. 이론의 가장 중대한 결점을 지적하기도 했다. 하비의 이론은 모세 혈관의 존재를 바탕으로 하는데 1660년까지는 모세 혈관이 발견되지 않았던 것이다.

그러나 하비의 가장 큰 적은 프랑스 의사 장 리올랑이었다. 그는 전통 의학의 충실한 신봉자였는데 프렌치는 그를 이렇게 묘사했다. "리올랑은 그 자신이 히포크라테스의 고향인 코스Cos에서 발원해 파리로 이어진 전통 의학의

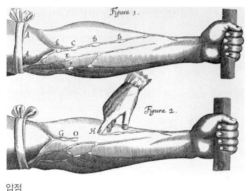

압점

하비는 실험적 증거의 하나로 팔 정맥 판막의 작용을 예증해 보였다.

계승자이며 부친도 그 일맥 선상에 있었다고 생각했다." 의학역사가 앤드루 위어Andrew Wear는 "리올랑은 혈액 순환 이론의 영향력을 억제함으로써 갈레노스의 의학을 구하려 노력했다"라고 말한다. 하비를 상대로 한 리올랑의 주장은 프림로즈나 호프만의 것과 비슷했다. 그는 혈액 순환 이론이 당시 주요 치료법이었던 출혈 요법의 기반을 위태롭게 했기 때문에 특히 우려했다. 하지만 실제로는 이후로도 수세기 동안 의사들이 불쌍한 환자들을 출혈 요법으로 계속 치료했다는 점이 흥미롭다.

결국, 온화한 성격이었던 하비도 실험적 증거를 믿지 않으려는 리올랑의 언행에 불평으로 대응할 수밖에 없었다. "달콤하거나 신선한 와인이 물보다 낫다는 것을, 직접 맛본 적이 없는 사람에게 그 누가 이해시킬 수 있겠습니까? 태양이 밝고 창공의 모든 별보다 빛난다는 사실을 맹인에게 어떤 설명으로 이해시킬 수 있겠습니까? 혈액 순환도 마찬가지입니다."

과학의 주 무기 실험

과학은 하나의 논쟁으로부터 잉태되었다. 사고와 진리 탐구의 정도正道, 이를 인식론이라 함에 관한 각 철학 간의 충돌이 바로 그것이다. 이 인식론적 충돌은 고대 그리스에 뿌리를 두고 중세 전반에 걸쳐 서양 사상을 지배한 철학과 나중에 과학으로 명명된 새로운 철학 간에 일어났다. 이 전투의 주 무기였던 실험은 그 자체가 대립의 원인이기도 했다. 《옥스퍼드 철학 사전The Oxford Dictionary of Philosophy》에는 실험이 "하나 이상의 경쟁 이론 또는 경쟁 가설을 증명하거나 반증하는 관찰 결과를 내도록 설계해 통제하에 사건을 조작하는 것"이라고 정의되어 있다.

■■ 선현들의 지혜를 따르다

과학의 탄생을 목도한 시대를 근세라고 한다. 이 시대의 배움은 선현들의 지혜와 함께 성서와 교회의 권위, 즉 스콜라철학에 근본을 두었다. 그중에서도 스콜라철학은 고대 그리스 철

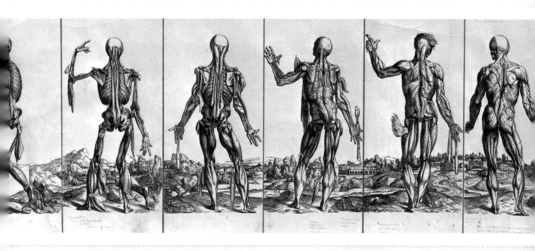

근육 인간. 이탈리아 해부학자 베살리우스는 옛 가르침에 의존하기보다는 스스로 인체 해부학을 연구해 학계에 혁신을 일으켰다. 이 충격적인 삽화는 그의 연구를 대중에게 알리는 데 일조했다.

학자 아리스토텔레스Aristoteles, 기원전 384~기원전 322를 지식의 원천인 동시에 깨달음에 도달하는 길로서 숭상했다. 17세기 참고서인《대학생이 지켜야 할 지침서Directions for a Student in the University》에는 "아리스토텔레스를 읽으면 전공 공부에 큰 도움이 될 뿐만 아니라 그리스어와 그 밖의 모든 분야에도 통달할 수 있다"라고 적혀 있다.

스콜라 학파는 진리로 통하는 길은 연역 논리라는 형태의 순수 이성뿐이라고 믿었다. 다시 말해, 자연에 관한 어떠한 가정으로 시작해 여기에 논리를 덧붙여서 결론에 도달하는 것이다. 일례를 들면, 아리스토텔레스는 "움직이는 모든 것에는 이것을 움직이게 한 어떤 힘이 반드시 있다"라는 가정으로 시작해 연쇄적인 움직임의 전달이 있었을 것이고 이를 거슬러 올라가면 결국 근본적인 동력중세 교회에서는 이것이 당연히 신을 의미했다으로 귀결된다는 추리를 연역해냈다. 지식의 모든 영역에서 고대 선현들의 권위는 절대적이었다. 그래서 여전히 천문학은 지구가 우주의 중심이라고 가르쳤던 고대 알렉산드리아 프톨레마이오스의 규율을 따르고 의학은 히포크

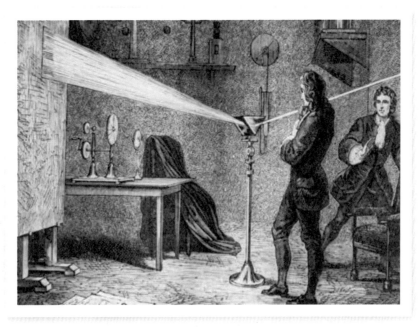

과학의 이정표. 프리즘을 사용해 백광을 그 안에 들어 있는 여러 가지 색깔로 분리한 뉴턴의 결정적 실험(experimentum crucis, 방향을 인도해주는 실험으로서 의미를 부여한 베이컨의 표현을 인용함)을 이상적으로 묘사한 그림.

> "인간이 지어낸 꿈과 공상 소설 때문에
> 실험의 증거를 포기할 수는 없다."
>
> – 아이작 뉴턴, 자연철학자, 1687년

라테스와 갈레노스의 가르침을 따르고 있었다. 실험은 경시되었고 철저하게 만류되었다. 당시에 순수 이성에 먹칠하는 것은 광산업이나 석조 건축과 같은 상업에 뿌리를 둔 기계공과 기술자 정도뿐이었다.

스콜라철학식의 인식론에는 여러 맹점이 있었다. 연역 논리는 그 바탕이 되는 전제가 참일 때에만 올바른 결론에 도달할 수 있기 때문이다. 그렇다면, 이 전제라는 것은 애초에 어디에서 온 것이란 말인가? 감각이라는 것은 왜곡되거나 진실을 손쉽게 놓칠 수 있다. 선대 학문의 권위라든지 일반적으로 '알려진' 혹은 '인정되는' 것에 의존하는 것은 똑같이 문제가 된다.

⁚⁚ 선현들에게 도전장을 내밀다

스콜라철학식 사고의 한계점에 대한 불만이 축적되면서 자연철학자들 사이에 철학자는 기득권 계층에 도전할 의도를 품고 스스로 탐구해야 한다는 점을 강조하는 새로운 부류가 생겨났다. 그중 가장 영향력 있던 인물의 한 명이 영국의 정치가이자 철학자인 프랜시스 베이컨Francis Bacon, 1561~1626이었다. 그는 자연철학의 목적은 '자연을 예상'하는 것이 아니라 자연을 해석하는 것이어야 하며, 과학자들은 선입견과 근거 없는 가정을 지양하고 관찰로 시작해 실험을 통해 발전하고 귀납적 사고를 해야 한다는 주장을 폈다. 그의 목적은 '자연철학을 무의미한 추측으로부터 구해내어 실험의 중요성을 일깨우는 것'이었다. 일설에 의하면, 베이컨은 '신체의 보존과 경화'에 관한 실험을 하던 도중에 닭을 저장하려고 직접 눈으로 그 속을 채우려 하다가 심한 오한이 들어서 죽었다고 한다.

베이컨이 집필 중이었을 무렵, 해부학자 안드레아스 베살리우Andreas Vesalius, 1514~1564는 갈레노스 학파에 이미 도전장을 내민 상태였다. 베살리우스는 사람 시체의 해부를 통해 갈레노스가 해부학에 대해 잘못 알았던 부분이 많았으며 그 때문에 의학을 가르치는 방식을 이리저리 바꾸었다는 것을 확인했다이미 이때쯤에는 갈레노스가 정설로 신봉되었기 때문에 아무도 그의 연구를 현실과 비교해 확인하려고 하지 않았다. 하비의 혈액 순환 연구는 실험을 활용해 오랫동안 전해온 옛 지혜에 과감히 도전하는 베살리우스의 방식을 이어받은 것이었다106~110쪽 참고. 한편으로 물리학에서는 갈릴레이가 전례 없던 실험의 결과를 바탕으로 운동과 중력에 관한 아리스토텔레스 학파의 이론에 이의를 제기했다. 예를 들어, 갈릴레이는 공과 경사면을 이용한 실험을 통해서 사물은 그 성질과 상관없이 같은 속도로 낙하하며 낙하 속도는 떨어지는 시간에 따라 결정된다는 것을 증명해냈다. 스콜라철학에 저항한 갈릴레이는 결국 교회와 전면전을 치러야 했다189~195 쪽 참고.

˚˚ '누구의 말도 믿지 마라'

베이컨의 경험철학이 가장 큰 결실을 본 것은 1660년에 잉글랜드에서 로버트 보일Robert Boyle, 1627~1691이 속한 한 무리의 기계론 철학자들이 처음에 '물리와 수학에 기반한 실험적 학습을 촉진하기 위한 협회Colledge for the Promoting of Physico-Mathematicall Experimentall Learning'라고 명명된 협회를 조직했을 때였다. 2년 후 이 단체는 왕실의 재가를 얻어 왕립협회가 되었으며, 회원들에게 실험을 통해서 스스로 밝혀내라고 권고하는 의미로 nullius in verba, 즉 '누구의 말도 믿지 마라'는 표어를 걸고 당시 영국 과학 발전의 중심축 역할을 했다. 신세대 철학자들은 이 방식을 추구하며 현미경, 온도계, 공기 펌프와 같이 실험에 필요한 새로운 도구들을 개량 또는 발명해냈다.

이러한 젊은 철학자 가운데 단연 군계일학은 아이작 뉴턴이었다. 그가 관찰, 실험, 수학적 증거를 조합해 과학적 방법을 가장 잘 구현해낸 최초의 인물이라는 데에는 이의가 없을 것이다. 뉴턴은 초창기부터 스콜라학파의 한계를 뛰어넘겠다고 결심하고 학창 시절 노트에 "Amicus Plato amicus Aristoteles magis amica veritas플라톤은 나의 친구이다. 아리스토텔레스도 나의 친구이다. 하지만 진실이 나의 가장 가까운 친구이다"라는 경구를 적어넣기도 했다. 그는 글을 쓸 때 감각 혹은 '단순한' 추측에만 의존하면 제대로 된 결과를 얻을 수 없다는 것을 항상 매우 신경 써서 강조했다. "사물의 본질은 감각보다 사물 간의 작용을 통해 더욱 정확하고 더욱 자연스럽게 추론해낼 수 있다."

뉴턴은 논쟁을 싫어하는 사람이었는데205쪽 참고, 그가 내놓은 이론이 단순한 의견이 아님을 많은 사람에게 이해시키기 위해 피나는 노력을 했다. 예를 들어, 빛과 색깔에 관한 그의 대표적 논문에서 뉴턴은 이렇게 주장했다. "빛과 색깔에 대해 내가 말하려는 내용은 가설이 아니라 가장 확고한 연구 결과물이다. 단순한 추론만으로 짐작한 것이 아니라 의심의 여지없이 직접적으로 결론을 도출하는 실험을 통해 입증된 것이라는 말이다." 뉴턴은 그가 '가설여기서는 실험적 증거로 뒷받침되지 않는 추측을 의미한다'이라고 부른 것에 대한 경멸감을 오늘날 매우 유명해진 말로 조심스럽게 표출했다. "나는 가설을 세우지 않는다. 현상에서 추론되지 않은 것을 가설이라고 하기 때문이다. 가설은 경험철학에서 설 자리가 없다."

파스퇴르
루이 파스퇴르
Louis Pasteur, 1822~1895
화학자, 미생물학자

VS

푸셰
펠릭스 아르키메데스 푸셰
Felix Archimede Pouchet, 1800~1872
박물학자

· 분쟁 기간 1860~1864년 **· 분쟁 원인** 자연발생설

프랑스 루앙 자연사박물관 관장인 펠릭스 아르키메데스 푸셰가 1850년대에 자연발생설을 다시 들고 나왔을 때, 그것은 이미 오래전에 사장된 옛 아이디어였다121~122쪽 참고. 푸셰는 자연 발생이 어떻게 일어나는지를 증명할 뿐만 아니라 나아가 무신론적 유물론의 오명을 떼어내기로 마음먹었다. 1855년부터 발표하기 시작한 일련의 논문들에서 푸셰는 '세대 교변한 생물종 내에서 무성 생식을 하는 무성 세대와 유성 생식을 하는 유성 세대가 규칙적으로 혹은 불규칙적으로 번갈아 나타나는 현상. 해파리, 진딧물, 선태류 따위에서 볼 수 있다-역주'이라는 이론을 세우고, 1859년에는 같은 제목의 책까지 발간했다. 그는 자연발생설 반대 세력의 중심적인 주장 중에서 한 가지에는 동의했다. 복잡한 생물 형태는 포자, 알 혹은 다른 단순한 배아 형태로부터

실험 중인 파스퇴르
영민한 과학자일 뿐 아니라 전설적인 미생물학자이기도 한 파스퇴르는 학계, 산업 분야, 정계를 넘나들며 종횡무진 활약했다.

발달한다는 주장이 그것이다. 다시 말해, 모든 생명체는 알에서 발생할 것이라는 뜻이다.이는 윌리엄 하비의 가설과 동일하다. 121~122쪽 참고. 그러나 푸셰는 바로 그 알이 자연 발생했을 것이라고 단언하며 반대 의견을 나타냈다. 푸셰가 생각하는 자연 발생은 유기물의 특질로 공기, 물, 온도가 적절하게 조합되었을 때 배아나 알 형태의 생명이 탄생한다는 것이었다. 그는 이것을 유기 생명체의 원초적 구성 요소들이 어떠한 조형력에 의해 하나로 모여서 특정한 장기를 형성하는, 완전히 저절로 벌어지는 일이라고 보았다. 푸셰의 관점에서 보면 이 과정에서 생명 탄생의 첫 순간뿐만 아니라 이후의 모든 단계에 신의 권능이 개입되어 있었다. 그는 "세대 교번의 법칙은 창조주의 영향력을 축소하기는커녕 오히려 전지전능하신 주의 힘을 더 크게 본다"라고 강조했다. 그는 일련의 실험을 통해 세대 교번이 실제로 일어난다는 것을 증명했다고 호언했다. 철저하게 멸균한 플라스크에 철저하게 멸균한 물을 담아서 오염을 예방했는데

구조에 힘쓰는 파스퇴르
그의 가장 성공적인 업적은 광견병을 포함한 여러 질병의 백신을 개발한 것이었는데, 프랑스 언론은 그를 떠들썩하게 치켜 세웠다. 이 삽화에서 그는 '예방 접종의 천사'로 그려졌다.

도 미생물이 가득 생겨났다는 것이 그 근거였다.

파스퇴르의 플라스크는 깨끗했다

프랑스 과학아카데미Acedemie des Sciences는 상금 2,500프랑이 걸린 앨럼베르Alhumbert상을 창설하고 실험을 잘 수행해 자연발생설이라는 문제에 새로운 실마리를 제시하는 사람에게 수여하겠다고 선언했다. 이것은 돈 욕심이 많던 우수한 과학자 루이 파스퇴르의 관심을 끌었다. 파스퇴르는 자연발생설에 찬성하지 않았으며 그것은 사이비 과학의 궤변이라고 자연발생설 지지자들을 비난했다. 그는 "과학의 언어를 빌렸다고 해서 과학을 이해하는 것으로 생각해서는 안 된다"라고 일침을 가했다. 또 푸셰에게 보내는 서신에서 "제 생각에는 선생님께서 실수하신 것 같습니다. 이런 경우 선입견을 피하기 어려운데 자연발생설을 믿기만 하는 것이 아니라 자연 발생이 실재한다고 주장하기까지 하시다니요"라고 분명하게 말하기도 했다.

파스퇴르는 푸셰의 실험 결과가 플라스크를 식히기 위해 사용한 수은이 오염되어서 먼지그리고 현미경을 통했을 때나 보이는 먼지 속의 포자나 알가 혼입되었기 때문에 나타난 것이리라고 추측했다. 파스퇴르는 멸균된 액체 배지를 (푸셰가 세대 교번에 반드시 필요하다고 주장한) 공기에 노출하되 먼지 오염은 막도록 플라스크를 다양하게 개량했다. 이 플라스크에 담은 액체는 수개월 동안 투명하고 세균이 없는 상태로 유지되었다. 파스퇴르의 생각대로, 확실히 균은 생명이 없는 먼지 입자예를 들면, 그을음나 포자 혹은 알 때문에 발생하는 것이었는데 이는 후일에 "나는 생명은 먼지가 아니라 생명에서 발생한다고 생각한다"라는 추론으로 발전했다.

파스퇴르는 '공기 중에 존재하는 유기 미립자에 관한 기억Memoire sur les corpuscules organises qui existent dans l'atmosphere'이라는 제목의 에세이 형태로 연구 결과를 정리해서 1862년에 출판했고 예상대로 앨럼베르상을 거머쥐었다. 하버드 대학교 과학사 교수인 에버렛 멘델슨Everett Mendelsohn의 말을 빌리면, "파스퇴르는 자신보다 나이 많은 동료의 연구를 업신여겼다"라고 한다. 파스퇴르는 푸셰보다 스물세 살 어렸던 것이다.

과학의 논쟁 뒤에는 정치가 있다

전통적인 관점에서 보면, 파스퇴르는 정정당당하게 이겼다. 멘델슨은 그의 실험이 "어느 기준으로 봐도 참신하고 기발했다"라고 평했고, 과학사학자 닐스 롤한센Nils Roll-Hansen, 1938~은 "경쟁자들과 달리 파스퇴르는 편견에 휩쓸려 길을 잃지 않고 체계적인 실험들을 대부분 혼자서 수행해냈다"라고 언급했다. 그러나 푸셰는 여기에 동의하지 않고 수상자 결정이 불공정했다며 위원회를 비난했다. 해당 위원회는 해체되고 1864년에 다른 위원회가 구성되었지만 지원자들은 또다시 심사 절차나 위원회 구성원들의 개방성과 공평성에 대해 서조차 합의하지 못했다고 멘델슨은 설명했다.

이것은 과학의 문제였지만, 지원자나 지원자를 심사하기 위해 구성된 위원회 모두 공정성의 근본적인 기준에 대해 각기의 의견을 고집했다. 멘델슨의 기록을 보면, "두 사람의 차이는 과학의 테두리 안팎으로 산재해 있었다"라고 되어 있다. 자연발생설에 대한 논쟁은 순수한 과학적 사안으로 남기에는 너무나 복잡하게 정치와 얽혀 있었다. 프랑스 과학아카데미는 황제인 나폴레옹 3세Napoleon III, 1808~1873가 원하는 바에 따라 좌지우지되었는데, 나폴레옹 3세는 '공화주의, 무신론, 유물론을 열렬히 반대하는 것으로 유명한' 사람이었다. 그런데 영국 고생물학자 리처드 오언의 1868년 평가에 따르면 파스퇴르는 질서당당시 나폴레옹 3세를 지원한 우파 정당—역주의 성향과 신학의 요구에 부응했기에 유리한 위치에 있었다고 한다.

파스퇴르는 황실 귀족을 자신의 편으로 만드는 실력이 탁월했다. 롤한센은 외부적 요소들이 패자 푸셰에게 그랬던 것보다 훨씬 강력하게 파스퇴르의 연구와 과학적 판단에 영향을 미쳤음을 많은 현대 과학사학자가 인정한다고 말했다. 논란이 많은 제럴드 게이슨Gerald Geison, 1943~2001의 1995년 저서 《루이 파스퇴르의 은밀한 과학The Private Science of Louis Pasteur》에서 이를 뒷받침하는 충격적인 증거가 제시되었다. 게이슨은 파스퇴르의 실험실 노트들을 연구했는데, 파스퇴르가 그의 목적에 맞지 않는다는 이유로 상당량의 실험 결과를 공개하지 않았음을 발견했다. 그가 원하는 결과가 도출된 실험은 10퍼센트에 불과했다84~86쪽 참고. 물론 당대에는 이 사실이 알려지지 않았으며 파스퇴르는 자연발생설이라는 무신론적 유언비어푸셰의 신앙심은 무시되었다에 칼을 꽂았기 때문에 프랑스의 영웅 대접을 받았다. 그러나 자연발생설 논란은 멀리 떨어진 곳에서 계속되었다. 멘델슨은 다음과 같이 지적했다. "파스퇴르와 푸셰의 갈등은 불과 몇 년 후에 T. H. 헉슬리와 존 틴들John Tyndall, 1820~1893이 헨리 바스티안Henry Bastian, 1837~1915과 맞붙으면서 프랑스의 대결보다 덜 유명한 영국 버전으로 재현될 운명이었다."

닭이 먼저인가, 달걀이 먼저인가

"닭이 먼저냐, 달걀이 먼저냐"라는 질문이 고대 철학자들을 고민에 빠뜨렸다. 생명체가 어버이의 생식의 결과로만 발생할 수 있다면, 각 종류의 생명체 중에서 최초의 개체들은 어디서 온 것일까? 일부 철학자는 생명은 언제나 존재했다고 생각했고, 다른 부류는 어떤 특별한 창조의 과정, 즉 신이 개입되었을 것이라고 보았다. 고대 그리스 철학자 아낙시만드로스Anaximandros, 기원전 610~기원전 546는 빛이 물에 마술을 부리면 닭혹은 달걀이 저절로 생겨날 수 있다고 제안함으로써 고르디우스의 매듭알렉산드로스 대왕에 관한 그리스 신화에서 유래한 말로, 해결하기가 아주 어려운 문제를 뜻한다—역주을 끊어냈다. 아리스토텔레스는 그나마 가장 체계적으로 다음과 같은 이론을 정립했다. 흙에 물이 있고 물에 공기가 있고 모든 공기에는 모든 사물에 영혼을 채워주는 생명의 온기가 있기 때문에 흙과 물에서 동식물이 태어나며, 따라서 이 공기와 생명의 온기가 어떤 형태 안에 갇히면 곧바로 생명체가 된다는 것이다.

서구에서는 아리스토텔레스가 제시한 자연발생설이 표준 모델이 되었으며 그가 말한 그대로 모든 것이, 개구리와 파리에서 진드기와 나방까지도 어떠한 물질들의 조합에 의해 탄생할 수 있다고 믿어졌다. 하지만 과학적 연구 방법이 도입되고 특히 현미경의 위력이 거세지면서 저절로 생겨났다고 여겨지는 생명체의 범위가 급속하게 줄어들었다. 의사인 윌리엄 하비106~110쪽 참고는 1651년에 저술한 《발생De Generatione》에서 'ex ova omnia', "즉 모든 생명은 알에서 시작된다"라고 주장했다. 이 책에서 그는 눈에 보이지 않는 공기 중의 '씨'를 발견했으며 이것이 명백한 자연 발생의 실례에 관한 몇 가지의 근원이라고 적었다. 1668년에 이탈리아의 의사 프란시스코 레디Francisco Redi, 1626~1697는 구더기가 파리의 성충이 낳은 알에서 생기는 것임을 입증해냈다. 파스퇴르와 푸셰의 논쟁이 끝났을 때쯤에는 자연 발생의 범위가 최하등 생물인 원시적 점액질로 축소된 상태였다. 1869년에는 영국 외과 의사 조지프 리스터Joseph Lister, 1827~1912가 "자연발생설은 조직화된 생명체의 세계에서 낮은 곳을 향해 계속해서 쫓겨 내려갔다"라고 경멸조로 말할 정도였다.

19세기 중반에 이르자 자연발생설은 유물론, 무신론, 진화와 연관 지어 인식되기 시작했고 이 이론을 고수하는 것이 정치적 행위로 간주되는 지경까지 이르렀다. 자연발생론을 지지하는 사람은 보수파 종교 세력과 정부, 특히 프랑스 제2 제정의 의심을 피할 수 없었다.

폴즈 VS 골턴

폴즈
헨리 폴즈
Henry Faulds, 1843~1930
의사이자 선교사

골턴
프랜시스 골턴
Francis Galton, 1822~1911
생물통계학자, 박식가

° **분쟁 기간** 1894년부터

° **분쟁 원인** 범죄 수사에 지문을 법의학적으로 활용한 선구자가 누구인가

° **그 외 분쟁자** **콜린 비번**Colin Beavan, 1964~, 《지문》의 저자

윌리엄 허셜 William Herschel, 1833~1917, 판사

개번 트레도 Gavan Tredoux, 1967~, 골턴의 전기 작가이자 galton.org 운영자

지문이 신원을 나타내는 고유하고 영구적인 지표라는 사실이 밝혀지고 지문을 기록, 분류, 비교하는 시스템이 개발되면서 범죄 수사 역사에 한 획을 그었다. 누가 이 발전의 공로를 인정받아 마땅한지에 관한 언쟁은 처음 순간부터 시끄럽기 시작하더니 오늘날까지 계속되고 있다. 여기에는 헨리 폴즈와 폴즈의 사후에도 지지의 목소리를 멈추지 않은 그의 동지들이 큰 몫을 했다. 젊은 지지자 중에는 콜린 비번이라는 사람도 있는데, 2001년에 출간되어 호평

을 받은 그의 유명한 저서 《지문–범인을 읽는 신체 코드Fingerprints: The Origins of Crime Detection and the Murder Case that Launched Forensic Science》가 폴즈의 주장에 대한 관심을 재점화했다.

지문으로 범인을 찾을 수 있다

지문을 이용한 과학 수사의 시초는 17세기로 거슬러 올라가지만, 신원 확인을 위해 손가락을 찍은 시기는 14세기 페르시아 혹은 훨씬 이전인 바빌론 시대로 보기도 한다. 그러나 법의학에서 지문이 유용한 도구가 될 수 있음이 인식되고 이 지식을 적용할 실제적인 시스템이 개발된 것은 더 나중의 일이다. 19세기 중반에 인도의 치안 판사였던 윌리엄 허셜은 정부 지급 연금을 집행하면서 만연한 신분 위조 사기 사건 때문에 골머리를 앓았다. 그래서 그는 연금 신청자의 손과 손가락을 공문서에 찍게 하자는 아이디어를 떠올렸는데, 처음에는 그저 문서에 개인적인 흔적이 남게 함으로써 서명 거부 의지를 완벽하게 꺾겠다는 심리 전술에 불과했다.

하지만 허셜은 곧 지문의 패턴이 유용한 식별 정보가 될 수 있음을 깨닫고 인도 행정부의 다른 부분에서 지문을 활용하기 시작했다. 이후 승진에 승진을 거듭해 1877년에 후글리Hooghly 지역 판사가 된 그는 지문 기록 시스템을 공식적으로 도입했다. 20년 이상 지문을 수집한 덕에 방대한 자료가 모였고, 오랜 기간에 걸쳐 사람들의 지문을 여러 번 반복해서 찍어본 결과 지문은 불변하며 같은 것이 하나도 없음을 직접 확인할 수 있었다.

한편, 일본에서는 강경한 성격의 스코틀랜드 출신 의사이자 선교사인 헨리 폴즈가 독자적으로 지문에 대한 결론을 거의 완성해가고 있었다. 그는 선사시대 도자기 시료를 조사하면서 진흙이 아직 말랑말랑할 때 그 위에 어떤 손가락 자국이 남은 것을 발견하고 1879년경부터 지문에 관심을 쏟았다. 이후 폴즈는 지문이 지워지거나 변하는지 알아보려고 자신의 손가락을 태우거나, 세게 문지르거나, 산酸에 담그는 등의 충격적인 실험들을 수행했다고 주장했다. 1880년에는 《네이처》에 〈손의 피부 주름On the Skin-Furrows of the Hand〉이라는 글을 기고했다. 이 글에서 그는 지문의 특성 몇 가지와 또렷한 지문을 얻을 수 있는 가장 좋은 방법을 설명하고, 결정적으로 "진흙, 유리 등에 피 묻은 손가락 자국이 있으면 과학적인 방법으로 범인을 알아낼 수 있을 것"이라고 제시했다. 또 그는 지문의 '영원히 변치 않는' 성질도 언급했다.

같은 해에 글을 기고하기 전, 폴즈가 찰스 다윈의 관심을 끌어보려고 그에게 편지를 보낸 일이 있었다. 하지만 사촌인 프랜시스 골턴이 생물측정학129~130쪽 참고에 흥미가 있는 것을 알고 있던 노쇠한 박물학자 다윈은 그의 편지를 골턴에게 건네주었다. 후에 비번은 골턴이 고의로 폴즈의 편지를 묵살했으며 나중에는 악랄하게도 그 사실을 부인했다고 주장한다. 실제로 골턴은 이 편지에 거의 신경을 쓰지 않았고 왕립고고학학회로 보낸 후 까맣게 잊어버리고 있었다.

지문에 대한 선취권자는 누구인가

1888년 폴즈는 런던 경시청에 법의학의 목적으로 지문을 활용할 것을 제안하는 서신을 보냈으나 아무런 응답을 받지 못했다. 오늘날 골턴의 가장 충실한 지지자인 전기 작가 개번 트레도는 다음과 같이 추측한다. "폴즈의 공격적인 성격 때문에 인상이 굳어져서 경찰이 그를 악의 없는 괴짜라고 생각했을지도 모른다." 하지만 같은 해에 더 저명한 지성 한 명이 등을 떠밀려 지문을 화두로 꺼냈다. 1888년에 프랜시스 골턴이 베르티용 인체 식별법, 즉 인체측정학을 주제로 한 강의 요청을 받은 것이다. 프랑스 경찰 알폰소 베르티용

Alphonse Bertillon, 1853~1914에 의해 고안된 베르티용 인체 식별법은 법의학을 위해 범죄자의 신체적 특징을 기록하는 시스템이었다.

강의를 준비하면서 골턴은 심기가 불편해졌다. 지문을 합법적인 법의학의 도구로 인정하려면, 지문이 개인마다 고유하며 평생 변함없이 유지된다는 점을 증명하고 지문을 기술하고 비교하는 시스템을 만들어야 했기 때문이다. 이를 위해서는 데이터가 필요했기 때문에 골턴은 허셜에게 접촉했다. 허셜은 골턴이 수행하는 연구의 명의를 자신에게 돌리겠다는 조건하에 기록을 제공하기로 동의했다.

비번은 이것이 폴즈를 속이기 위한 비밀 협정에 해당하며 골턴과 허셜이 헨리 폴즈를 따돌리기로 공모했다고 제기한다. 반면에 트레도는 특히 이 부분을 두고 분개해 "골턴과 허셜이 폴즈를 폄하하기 위해 공모했다는 비번의 터무니없는 추측은 근거가 없다. 게다가 증거라고 해봤자 비번이 '학문적 사기

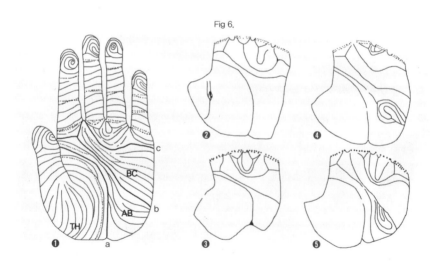

손가락 융선과 손바닥 주름 골턴 저서의 삽화에서 발췌함.

행위에 한 획을 긋는 사건'이라면서 허셜의 말을 지나치게 비약해서 인용한 구절뿐이다"라고 지적했다. 골턴이 1880년에 폴즈가 보낸 편지를 잊어버렸다는 것이 더 사실에 가까운 것으로 보인다. 지문 채취에 관해 폴즈가 수행한 다른 연구가 없어 골턴이 굳이 그를 경계할 이유가 없었기 때문이다.

골턴의 연구는 1892년의 《손가락무늬Finger Prints》라는 책으로 결실을 보았는데, 이후에도 법의학 도구로서의 지문을 옹호하는 기사와 책을 수차례 펴냈다. 당국은 이에 주목하기 시작해 1894년에는 영국 의회 집행 위원회가 경찰에 이 기술을 활용할 것을 권고하기에 이르렀다. 폴즈가 선취권을 가로챘다며 허셜을 비난하는 항의 편지를 《네이처》에 보내면서 무대로 재등장한 것도 바로 이 시점이었다. 폴즈는 선취권 문제를 말끔하게 정리해줄 것이라면서 지문에 관한 1877년 문서의 사본을 공개하라고 요구하며 허셜에게 도전했다. 허셜은 언급된 문서를 재빨리 준비한 후에 "폴즈 선생의 1880년 편지가, 그의 말마따나, 신원 확인에 대한 지문의 가치를 최초로 제기한 공식 문서임은 인정하지만, 지문이 '영원불변함'을 그가 알아냈다는 주장이 이렇게 짧은 경험으로 정당화된다고는 전혀 생각하지 않는다"라고 차분하게 덧붙였다. 다시 말해, 폴즈가 단 2년간의 연구를 바탕으로 지문이 불변함을 추론해냈을 리 없다는 것이었다.

지문 감식은 향후 7년에 걸쳐 골턴과 허셜이 기초를 닦은 시스템을 인도 경찰총감인 에드워드 헨리Edward Henry, 1850~1931가 발전시킨 덕분에 유용한 수사 도구로 받아들여지게 되었다. 폴즈는 대중의 인정을 받는 것이 당연히 그의 몫이라고 생각했기 때문에 선동 행위를 멈추지 않았다. 1905년에는 본문에 골턴은 거의 언급되지 않은 지문에 관한 책을 한 권 내놓았는데 《타임스 리터러리 서플리먼트Times Literary Supplement》로부터 "불만으로 가득한 사람"이라는 혹평을 받았다. 비평가인 아서 섀드웰Arthur Shadwell은 다음과 같이 적었

> "폴즈는 지치지도 않고 스스로를 홍보했다.
> 지문 활용이 확립된 이후에는 이 그림 안에
> 자신을 끼워 넣으려고 무슨 짓이든지 했다."
>
> – 개번 트레도, 2003년

다. "폴즈 선생이 이런 류의 글로 자신의 주장이 인정될 수 있다고 생각한다면, 그는 독자들을 한참 잘못 판단한 것이다."

골턴은 지금까지 폴즈를 계속 모른 체해왔지만, 폴즈가 허셜을 공격하자 더는 두고 볼 수 없었다. 그는 폴즈의 책을 읽어보고 나서《네이처》에 다음과 같이 기고했다. "본인이 수행한 연구의 가치는 과장하면서 타인의 연구는 경시하고 최근에 실제 범죄 사건에서 입증된 증거에 대해서는 트집을 잡는다." 이들의 대립은 오랫동안 이어졌다. 허셜은 지문의 법의학적 활용을 제안한 부분에 대해서는 폴즈의 선취권을 인정한다는 입장을 1917년에 다시 한 번 표명했다. "그의 공로를 옛날에도 인정했고 지금도 그러하건만, 타당하다고 생각하는 인정 범위가 내 생각과 너무나 다르다." 하지만 폴즈는 공식적인 인정을 요구하는 활동을 멈추지 않았고 1930년 그의 사후에는 스코틀랜드 출신 변호사 조지 윌턴 윌턴George Wilton Wilton이 그의 유지를 이어갔다. 더 최근에는 비번의 책에서 폴즈가 스코틀랜드 독립 운동가들 사이에 유명한 쟁점이었던 것으로 등장하는데, 반면에 트레도는 "폴즈는 마지막까지 짜증나는 사람일 뿐이었다"라고 말했다.

모든 것을 측정하는 사람

이래즈머스 다윈Erasmus Darwin, 1731~1802의 증손자이자 찰스 다윈의 사촌인 프랜시스 골턴은 빅토리아 시대 과학계의 특출한 기인이었다. 교육 과정을 대강 마친 후 그는 여행가를 자처하며 아프리카로 떠났는데, 여기서 삼각법을 이용해 비너스라 불리던 아프리카 호텐토트족코이코이족이라고도 함 여성의 신체 비율을 측정했다는 일화가 유명하다. 귀국 후에는 영국 과학진흥협회의 서기관으로 일함과 동시에 《네이처》의 전신인 《더 리더The Reader》의 창간을 도우면서 과학계에서 중심적 입지를 다져갔다.

골턴의 분주한 천재성은 일련의 발명을 통해 자연스럽게 표출되었다. 그의 발명품은 선상에서 태양광 신호를 보낼 때 사용하는 일광 반사 장치실제로 상품화되어 널리 사용되고 있다부터 더 기발한 뇌 냉각기접을 수 있는 덮개가 있는 남성 정장용 모자나

골턴의 1855년 고전서 《여행의 기술》
이 책에는 장전된 총을 들고 안전하게 자는 방법과 같은 유용한 조언들이 제시되어 있다.

동물을 자극하기 위한 초음파 호각에 이르기까지 광범위했다. 런던 동물원을 방문한 후 골턴은 "확실히 사자 몇 마리가 짜증을 내기는 했다"라고 기록한 바 있다. 고기압압력이 높은 날씨 상태의 발견과 일기도의 발명도 그의 솜씨였다.

기상학 분야에서 이룩한 위와 같은 업적은 골턴이 측정에 집착했음을 잘 보여주는 것이다. 이러한 집착은 그를 IQ와 기타 심리학적 특성들의 측정을 포함하는 생물측정학을 개척하게끔 이끌었다. 그는 평균 및 상관 계수 회귀법과 같은 중요한 통계 원칙을 정립하고 이를 이용해 '우생학' 프로젝트를 진행해나갔다. 다윈의 진화 이론에 영감을 받은 골턴은 선택적 교배를 통해 인류의 종자를 인공적으로 개량하는 것에 몰두하기 시작했다. "어떤 천재 집단인들 만들어내지 못하겠는가?" 이를 위해서는 최상의 표본을 얻을 방안이 필요했는데, 여기에서 생물측정학이 활용되었다. 지문에 대한 골턴의 관심은 바로 이 생물측정학에 대한 집착에서 기원한 것이었다.

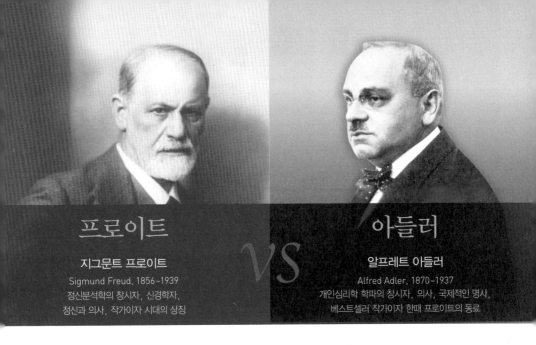

프로이트

지그문트 프로이트
Sigmund Freud, 1856~1939
정신분석학의 창시자, 신경학자,
정신과 의사, 작가이자 시대의 상징

아들러

알프레트 아들러
Alfred Adler, 1870~1937
개인심리학 학파의 창시자, 의사, 국제적인 명사,
베스트셀러 작가이자 한때 프로이트의 동료

· **분쟁 기간** 약 1910~1937년
: **분쟁 원인** 일차적인 심리 욕구와 무의식의 역할에 관한 이데올로기적 차이.
　　　　　　　 정치적 이견과 개인적 불화로 말미암아 심화되었다.

　　19세기 후반, 지그문트 프로이트는 심리적 질환을 치료하고 인간 심리를 연구하기 위해 혁신적이면서도 논란이 많은 새로운 접근법을 구축했다. 이 '정신분석 이론'은 사회를 변화시킬 수 있을 것처럼 보였지만, 인격 형성에서 소아 성욕의 역할을 강조하는 등 위험하고 비정상적이라고 생각하는 이들이 많았다. 프로이트의 프로젝트에서는 아이디어를 과학적으로 검증받는 것이 핵심이었는데 이것은 두 가지를 의미했다. 하나는 순전히 수적 우위만으로도 프로이트의 가설이 확증될 정도로 많은 정신분석학자가 엄청난 양의 데이터를 모아야 한다는 것이었고, 다른 하나는 연구 주제, 용어, 연구 방법에 관해

"아들러는 역겨운 사람이다."

— 지그문트 프로이트, 1914년

프로이트가 '통일된 관념'이라고 부른 어떠한 합일이 모든 관계자 사이에 이루어져야 한다는 것이었다.

전자를 해결하기 위해 프로이트는 단체를 설립하는 것을 장려했으며, 1902년에는 마음이 맞는 의사들을 매주 수요일에 집으로 초대하기 시작했다. 이 비공식 모임은 수요심리학회WPS, Wednesday Psychological Society로 알려지게 된다. 1908년이 되자 이 모임은 빈 정신분석협회VPS, Vienna Psychoanalytic Society라는 훨씬 대규모의 단체로 성장해서, 전 세계에 비슷한 모임들이 생겨나고 1910년에 여러 산하 단체를 둔 국제정신분석협회International Psychoanalytic Association가 설립되는 시초가 되었다. 하지만 이러한 프로이트 프로젝트의 확장이 정설 혹은 프로이트가 강조했던 '통일된 관념'에는 불가피한 위협이 되었다. 특히 가장 가까웠던 동료들과 프로이트 사이에 감정적으로 그리고 심리적으로 우려되는 관계가 쌓여가고 있었기 때문에, 언젠가 분명히 분열이 일어날 터였다.

수제자에서 악당으로

알프레트 아들러는 교육과 심리학에 관심이 있는 야심에 찬 젊은 의사였는데, 정기 모임에서 프로이트의 마음에 들기까지는 그리 오랜 시간이 걸리지 않았다. 프로이트는 한 친구에게 "이 모임에서 그가 유일하게 인성이 제대로 된 사람이네"라고 적어 보내기도 했다. 업무량이 많았던 프로이트는 짭짤한

담당 건수 일부를 아들러에게 종종 넘겼고《기관 열등감에 관한 연구A Study of
Organ Inferiority》라는 아들러의 1907년 저서를 승인해주었다. 하지만 프로이트
는 이 젊은 후배를 두고 모순되는 태도를 보이기도 했다. 루트비히 빈스방거
Ludwig Binswanger, 1881~1966는 1907년에 WPS 모임에 참석했을 때를 다음과 같
이 회상했다. 이 자리에는 아들러와 다른 몇 명이 와있었는데, 모임이 끝나자

프로이트가 빈스방거를 돌아보
며 "자, 이제 이 악당들이 보이시
오?"라고 물었다고 한다.

　오래지 않아 사람들 간의 견
해 차이가 수면으로 부상하기 시
작했다. 프로이트는 그의 심리학
이론에서 성욕, 특히 소아 성욕
의 중추적 역할을 그 어느 때보다
더 확고하게 강조했다. 하지만 아
들러는 인격 형성의 일차적인 동
기 유발 인자는 우위를 차지하려
는 성향이라는 '열등감 콤플렉스'
이론을 구상 중이었다. 아들러가
이 이론을 만든 것과 프로이트와

정신분석학의 슈퍼스타
1936년 알프레트 아들러가 잉글랜드 플리머스에 도착한 모습.
아들러는 1930년대에 전 세계를 돌며 강연 여행을 다녔다. 그의
1927년 저서 《인간 본성의 이해》는 베스트셀러가 되었으며 아들
러는 당대 심리학계에서 가장 유명한 인물로 등극했다.

불화가 생기게 된 이유는 그의 어린 시절을 살펴보면 잘 이해할 수 있다. 그의 생애 말년에 전기를 쓰기 위해 공동 작업을 했던 작가인 필리스 보톰Phyllis Bottome, 1884~1963에게 고백하기를, 아들러는 항상 아무리 노력해도 닿을 수 없는 저 멀리 다른 세상에서 날아다니는 듯 보였던 우상인 큰형의 그늘에 가려 있다는 기분이 들었으며, 생애 말년까지도 그 기분을 완전히 떨쳐내지는 못했다고 한다. 아들러가 입 밖으로 꺼내지 않았기 때문에 보톰이 직접 언급할 수는 없었지만, 아마도 그 큰형의 이름은 프로이트였을 것이다.

프로이트의 그늘 밖으로 나오다

프로이트는 자신이 믿는 정신분석학의 핵심 개념으로부터 벗어나려는 아들러 때문에 점점 화가 나서, 아들러가 제안한 가설을 비난하는 서신을 보냈다. "이 이론에는 세 가지 요소가 있다. 의견 제시는 나쁘지 않았고, 사실 분석을 어려운 용어로 바꾼 것은 불필요하지만 그럭저럭 넘어갈 만했으나, 이 사실들은 왜곡된 것이다." 아들러의 환자들은 진짜 히스테리나 심각한 노이로제가 아니라 단순히 뒤틀린 성격 이상자일 뿐이었으며, 그의 발달 모델은 '어린애들의 싸움'에 관한 것일 뿐이어서 '1등이 되려는 욕심'이나 '변명거리를 만들어두는 것'과 같은 저속한 고릿적 상식 그 이상도 이하도 아니었다는 것이 프로이트의 표현이었다. 프로이트는 아들러에 대한 참을성도 잃어갔는데, 1910년 11월에 카를 융Carl Jung, 1875~1961에게 "골칫거리 아들러 때문에 기분이 좋지 않아. 그는 참 어울리기 어려운 사람이네"라는 내용의 편지를 보낸 적도 있었다.

한편으로는 아들러도 이를 갈고 있었다. 그는 소외당하고 인정받지 못했다고 느꼈다. 그리고 이 문제는 1910년에 프로이트가 새로 설립된 국제정신분

1911년에서 바이마르에서 열린 제3차 정신분석학 회의
고명한 정신분석학자들이 대거 참석했다. 중앙에 서 있는 사람이 프로이트이고 그 우측이 융이다. 아들러는 이미 제명된 이후였다.

석협회를 단순한 빈 출신 유대인(아들러도 그중 하나였다)의 모임으로 보이게 하고 싶지 않은 마음에 새로운 수제자 융을 협회 회장으로 천거하고 정신분석학계 최고 학술지의 편집자 자리를 물려주었을 때 표면화되었다. 아들러는 격노했다. 프로이트는 아들러를 달래기 위해 VPS 회장 직위에서 물러나 아들러에게 인계하고 새 학술지《젠트랄블라트Zentralblatt》를 창설해 공동 편집자로 삼았지만, 이것으로는 충분하지 않았다. 이 이후에 두 사람에게 벌어진 일들에 대해서는 여러 시각이 있지만, 대부분 기록은 최후에 아들러가 "어째서 항상 내가 당신의 그늘에 가려져야 합니까?"라는 유명한 말로 한탄했다는 데에 의견을 모은다. 프로이트의 말을 빌리면, 아들러는 그늘 밖으로 나오려고 몸부림치는 바람에 제명 조치를 자초했다고 한다. 또 아들러의 입장에서는 프로이트가 떠나지 말라며 사정했지만 그의 그늘 아래 있는 것, 특히 소아 성욕을 고집하면서 그가 자신의 이론을 무시할 때는 전혀 유쾌하지 않았다고 한다. 이 이야기는 어느 정도 근거가 있는데, 곧바로 아들러가 보낸 편지 한 통에는 이렇

정신분석가는 스스로를 치료한다

프로이트는 자신의 정신 분석 이론을 가다듬는 과정에서 자기 분석을 잘 활용했지만, 친밀한 인간관계의 강도와 파괴성 그리고 그의 직업적 경력에 흠집을 낸 뼈아픈 결별을 이해하거나 극복하는 자질은 형편없었다. 중요한 동료이자 친구가 된 누군가에게 푹 빠졌다가 중간에 편집증이라느니, 옹졸하다느니, 타락했다는 등의 폭언을 쏟아내면서 사이가 비틀어지는 식의 같은 패턴을 되풀이했다. 아들러와 융은 개중에 좀 더 유명한 이름일 뿐이다. 그 밖에 알베르트 몰Albert Moll, 1862~1939이나 빌헬름 플리스Wilhelm Fliess, 1858~1928, 요제프 브로이어Josef Breuer, 1842~1925라는 인물도 있었다. 절연하게 된 표면적인 이유는 선취권을 둔 승강이, 소아 성욕에 대한 프로이트의 급진적이고 위험한 견해를 받아들이기에는 대담하지 못한 직업적 혹은 개인적 성향, 점점 독단적이 되어가는 프로이트의 정신분석학 개념과의 불일치 등이다. 하지만, 사실은 정신역동학의 흐름이 수면 아래에서 소용돌이치고 있었다.

프로이트의 핵심 개념은 누구든지 소아기에 인간관계의 틀을 만들고 성장 후에 이것을 타인이나 여러 상황에 대입한다는 것이었다. 프로이트 연구가인 더글러스 데이비스Douglas Davis는 "프로이트는 심오한 감정 전이 이론을 만들어냈는데 그의 동료 대부분이 바로 그 전이의 대상이 되었다"라고 언급했다. 어린 시절, 프로이트는 후일 세상을 떠난 남동생과 유치한 삼각관계를 형성했던 사촌들, 그리고 아버지를 향해 원망과 비통함의 감정을 품고 있었다. 그는 이러한 콤플렉스를 플리스나 융과 같은 지인들에게 전이시켰다. 그래서 여성 환자의 관심을 끄는 것을 두고 이들과 경쟁하거나, 자기 자신을 아이들이 애정을 두고 다투는 아버지 상으로 설정하고 자신에게 도전하는 이들의 실패와 몰락을 소원하기도 했다. 융은 프로이트와의 관계가 끊어질 무렵에 그에게 다음과 같은 편지를 써 보냈다. "당신은 자신의 결점을 겸허하게 인정하는 모든 사람을 아들딸의 위치로 격하시키고 있어요. 본인은 여전히 아버지로서 꼭대기에 점잖게 앉아계시면서 말이죠."

당시 빈의 정황

정신 분석의 장이었던 세기말 빈은 시간과 장소가 절묘한 조합을 이룬 절정기를 맞이하고 있었다. 프로이트의 가족은 그가 네 살 때 빈으로 이사했는데 그가 의학과 신경학 교육을 받고 성장기를 보낸 곳도 빈이었다. 이 도시는 국가 체제가 끝을 향해 달려가고 있었으나 문화와 지식의 도약은 눈부셨던 오스트리아·헝가리 제국의 수도였다. 정부와 상업의 중심지로서 온갖 종류의 인종이 집합한 빈은 세계 최대의 다문화 도시로 자리매김했으며 튜턴인북유럽의 게르만 민족 중 하나-역주, 헝가리인, 체코인, 슬로베니아인, 크로아티아인, 세르비아인, 루테니아인과거 오스트리아 영토였을 당시 우크라이나 서부에 살던 러시아인-역주, 보스니아인, 유대인으로 바글바글했다.

빈은 엄청난 잠재력과 억압적 긴장으로 가득 차 있었고, 모더니즘이 다양한 형태로 만개하기에 적합한 비옥한 발상지이기도 했다. 클림트Gustav Klimt, 1862~1918나 실레Egon Schiele, 1890~1918의 분리주의 예술 운동, 비트겐슈타인Ludwig Josef Johann Wittgenstein, 1889~1951이나 마하Ernst Mach, 1883~1916와 같은 학자들의 실증주의와 관능주의 철학 운동, 슈니츨러Arthur Schnitzler, 1862~1931와 같은 작가들의 신新문학의 근거지이자, 프로이트의 과학적 심리 연구로 대표되는 과학 및 의학 연구의 무대가 바로 이곳이었다. 이러한 진보 세력들과 함께 과격 보수 세력들도 있었다. 부르주아 문화와, 매서운 반反유대주의로 표출된 민족 간 긴장의 억압 세력이 그들이었다히틀러(Adolf Hitler, 1889~1945)가 그의 잔인한 사상을 정립한 것도 빈이었다. 프로이트의 정신분석학, 그의 까다롭고 호전적인 성격, 이로 인한 갈등과 반목, 이 모든 것은 이 시대의 빈이었기 때문에 생산된 결과였다.

게 적혀 있다. "옛 스승과의 이러한 사적인 다툼을 이어가고 싶은 마음은 추호도 없기 때문에, 이에 사의를 표명하는 바입니다."

아들러의 무덤에 침을 뱉다

아들러는 VPS와 결별해서 정신분석자유탐구협회SFPI, Society for Free Psychoanalytic Inquiry라는 조직을 따로 세웠는데 프로이트와 그 일파는 이 명칭을 우습다고 생각했다. 후에 아들러는 정신분석학과의 모든 인연을 끊어버리고 자신의 조직을 개인심리학협회Society for Individual Psychology로 개명했다. 두 사람은 머지않아 원수 사이가 되고 말았다. 1913년 아들러는 프로이트 일파의 연구에 관해 한 친구에게 "강탈과 절취와 학자로서 할 수 있는 모든 낡은 술책들

제이콥 프로이트의 대가족
1878년경. 뒷줄 왼쪽에서 세 번째에 서 있는 사람이 젊은 지그문트 프로이트다. 사회에 잘 동화된 품위 있는 부르주아 가정의 사진이지만, 어떤 정신역동학의 흐름이 수면 아래에서 소용돌이치고 있었을까?

을 자행하는 데에만 바쁜 것 같네"라고 적어 보냈다. 후일 그는 자신이 프로이트의 제자였던 적이 있었다는 얘기가 나오면 (이러한 반응은 아들러가 당시 그 자신을 어떻게 생각했는지를 보여주는 것이라는 증거가 상당히 존재함에도) 불같이 화를 냈으며 프로이트의 정신분석학 이론을 '추잡하고 똥 같다'고 표현했다.

프로이트도 혹평하는 데에는 지지 않았는데, 1914년 7월 제자인 루 안드레아스살로메Lou Andreas-Salome, 1861~1937에게 이런 내용의 편지를 보냈다. "아들러의 편지는 너무나 그다우며 그의 원한이 어느 정도인지를 보여주고 있소. 아들러는 역겨운 사람이오." 프로이트의 악감정은 아들러의 그것보다 더 오래갔으며, 이는 아들러가 1937년 스코틀랜드에서 외롭게 세상을 떠난 직후 아르놀트 츠바이크Arnold Zweig, 1887~1968에게 보낸 몹시 냉소적인 편지 한 통으로 입증된다. "자네가 아들러에게 동정심을 가지는 것을 이해할 수 없어. 빈 외곽 출신인 유대인 소년 하나가 애버딘에서 생을 마감한 것 자체가 유례없는 성공이고 그가 얼마나 출세했는지를 보여주는 증거네. 모순된 정신분석학에 몰두했을 뿐인 그를 세상이 너무 후하게 대접했어."

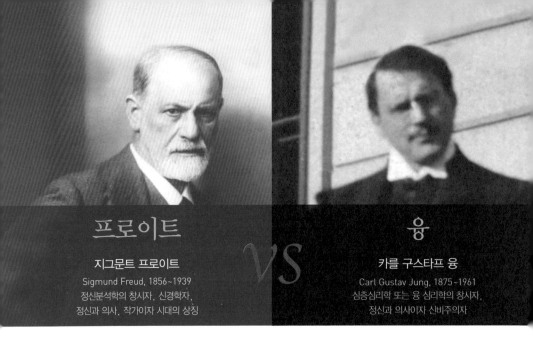

프로이트

지그문트 프로이트
Sigmund Freud, 1856~1939
정신분석학의 창시자, 신경학자,
정신과 의사, 작가이자 시대의 상징

융

카를 구스타프 융
Carl Gustav Jung, 1875~1961
심층심리학 또는 융 심리학의 창시자,
정신과 의사이자 신비주의자

° **분쟁 기간** 1912~1939년   ° **분쟁 원인** 이데올로기적, 이론적, 개인적 차이

　프로이트가 그의 제자 중 가장 큰 기대를 걸고 있던 유망주는 융이었다. 그래서 그의 배반이 프로이트에게는 더더욱 쓰라리게 느껴졌을 것이다. 한때 애정이 가득하고 열렬했던 관계는 반½유대주의라는 냉혹한 비방으로 타락해버렸다.

천재와 수제자가 만나다

　두 사람의 시작은 화기애애했다. 취리히의 명성 높은 부르크휠츨리 정신병원에서 수련 중이던 스위스 정신과 의사 융은 1906년 프로이트의 열성적인 팬이 되었다. 융은 프로이트 정신분석학에 영향을 받아 최초의 저서인 '조발성 치매증의 심리학the Psychology of Dementia Praecox'이라는 제목의 정신 분열증 연구서를 출간했다. 1907년에 서신 왕래가 시작되었고 이윽고 1907년에 두 사람은 처음으로 만나서 무려 열세 시간 동안 대화를 나눴다. "그는 정말로 지적이고, 기민하며 모든 면에서 놀라운 사람이다"라고 융은 적고 있다. 상대방에게 감탄한 것은 프로이트도 마찬가지였다. 프로이트는 융의 에너지와 추진력 있는 성격, 그리고 연구에 대한 재능과 통찰력에 감명을 받았으며, 특히 정신분석학을 빈 유대인 거주 지역에서 해방시킬 인물로 융을 점찍었다.

그들의 유대감이 깊어갔고, 융은 1907년의 편지에서 다음과 같이 고백하기에 이른다. "당신을 향한 제 존경심은 종교적인 숭배와도 같습니다. 이 기분이 아주 싫은 것은 아니지만, 거부할 수 없는 성적인 느낌이 있기 때문에 역겹고 터무니없다는 생각도 듭니다." 프로이트 역시 강렬한 감정을 느끼고 있었다. 겉으로는 융을 후계자로 삼고 자신은 아버지 역할을 자청했지만, 정작 그가 융 앞에서 두 차례 기절했을 때는 융이 프로이트를 들어 옮겨야 했다.

수제자가 스승을 배신하다

1909년 융은 중요한 미국 여행에 프로이트와 동행했고, 1910년에 프로이트가 그를 국제정신분석협회의 회장으로 앉히면서 융은 정신분석학 국제 무대의 얼굴로서 공식적으로 등극하게 되었다. 하지만 융은 이미 두 사람이 만나기 전부터 분열을 초래할 수 있는 정신분석학 접근 방식의 차이를 감지하고 있었다. 융은 언제나 프로이트가 질색하는 영적 세계와 신비주의에 매혹되어 있었고 성욕, 특히 소아 성욕을 강조하는 프로이트의 견해를 경계했다. 그는 후에 "어떤 형태이든 중독은 나쁘다. 중독 대상이 알코올이든, 모르핀이든,

미국 여행
1909년 미국 여행 중에 클라크 대학교 심리학 콘퍼런스에서 찍은 사진. 좌측과 우측에 앉아 있는 사람이 프로이트와 융이다.

혹은 관념론이든 상관없이 말이다"라는 기록을 남겼다.

이전의 아들러처럼 융도 자신만의 이론을 세우고, 정설을 강요하는 프로이트에 도전함에 따라 그들의 관계는 어색해졌다. 1911년 융은 "달걀이 닭보다 현명해지려 하는 것은 위험한 시도다"라고 인정했다. 하지만 그는 이듬해 그의 경력에 한 획을 긋는 저서 《리비도의 변환과 상징Transformations and Symbols of the Libido》을 완성한다. "모든 일이 마치 산사태처럼 벌어졌다. 빈틈도 없고 숨 쉴 여유도 없는 답답한 프로이트식 심리학과 그 편협한 시각 안에서 마음에 품고 있던 이 모든 것이 폭발한 것이다." 융은 후일 이렇게 설명했다.

이제 불화의 씨앗이 심어진 셈이었다. 프로이트는 자신이 조심스럽게 구축한 체계에 융이 도전한다는 사실에 마음이 상했고 융이 1912년 미국을 재방문해 자신의 새 이론에 대해 강연하면서 프로이트의 이론도 언급했을 때 실망은 적대감으로 변해버렸다. 융의 귀국길에 두 사람은 분한 감정이 더해가는 편지를 주고받았다. 융은 니체Friedrich Wilhelm Nietzsche, 1844~1900를 인용해 프로이트에게 다음과 같이 말했다. "어떤 사람이 제자로만 남아 있다면 그 사람은 스승에게 잘못 보답하는 것입니다." 또 다른 편지에는 다음과 같이 적고 있다. "당신이 스스로 당신의 콤플렉스들을 완전히 떨쳐버리고 아들들에게 아버지 행세하는 것을 그만두신다면, 그리고 남의 약점만 계속 찔러대는 대신에 당신 자신의 좋은 점을 찾아서 변화를 모색하신다면, 저도 제 행동을 고쳐서 당신에게 우유부단했던 나쁜 태도를 단번에 바꾸겠습니다."

이즈음 이들은 악명 높은 '크로이츨링겐에서의 태도' 때문에 의가 크게 상했는데, 이 작은 논쟁은 이들의 관계가 얼마나 삐걱댔는지를 잘 보여주는 일화이다. 프로이트는 스위스 크로이츨링겐에 사는 한 동료를 방문하게 되었다. 하지만 융이 먼저 자신을 찾아와서 만나주지 않은 데 대해 화가 났다. 한편, 융의 입장에서는 프로이트가 스위스에 온다는 것을 알리지 않았기 때문에 그도 상처를 받았다고 주장했다. 한참을 다툰 끝에 프로이트는 융이 자신의 방문을 알고 있었다고 인정하게 했다. 어색한 점심 식사가 이어졌고 오후의 토론 시간 동안 융이 정신분석학 내의 분열정신역동학에 대해 말하고 있을 때 프로이트가 다시 한 번 기절했다. 융은 "프로이트는 여자처럼 군다. 진실에 직면했을 때 인정할 수 없으면 기절해버린다"라며 비웃었다.

긴장은 팽팽해져만 갔고 마침내 융은 참지 못하고 불손하게 "솔직하게 몇 말씀 드려도 되겠습니까?"로 시작하는 편지 한 통을 보내버렸다. 그는 프로이트의 성격, 노이로제, 자의식, 그리고 심지어 치료사로서의 능력까지도 맹공격했다. 프로이트는 격노했다. 처음에는 사적인 관계가 깨진 것뿐이라며 반응을 자제했지만 다음 해에는 융을 '징그럽게 오만한 놈'이라고 칭하고 '겉만 번지르르한 바보에 잔인한 녀석'이라고 불평하기도 했다.

집단 무의식과 반유대주의 문제

융은 프로이트파의 반대에 부딪혀 결국 1913년 4월 사임하기까지 IPA의 회장으로서 고군분투했다. 1914년에는 프로이트와의 학문적 교류가 완전히 끊어졌다. 이어지는 6년 동안 융은 결별로 생겨난 심리적 상실감을 메우려 애써야 했으나 동시에 독자적인 정신분석학을 탐구하고 개발해나가서 분석심리학이라는 학문으로 결실을 보았다. 분석심리학은 신비주의와 심령술의 중요성을 강조하고 모든 인류가 원형의 형태로 간직하고 있는 일종의 집단 심리인 융의 '집단 무의식' 이론이 포함되었다는 점에서 프로이트의 정신분석학과는 차이가 있다. 신화와 신비주의에 심취한 융에 대한 반격으로 쓴 1939년 저서 《모세와 일신교Moses and Monotheism》에서 프로이트는 융의 이론을 짓밟았다. "'집단' 무의식 개념을 도입했다고 나아지는 것이 있다고는 보지 않는다. 무의식이라는 것은 어쨌든 모든 인간이 공통으로 가진 집단적인 것이니까."

프로이트의 서재 겸 접견실
나치를 피해 망명한 후 생애 말년을 보냈던 런던 햄스테드에 소파까지 완벽하게 복원되어 있다.

"아무도 당신의 수염을 잡아당기지 못하는 것은
순전히 아부하는 마음 때문입니다."

– 융이 프로이트에게, 1912년

하지만 두 사람의 분열은 학문적인 것을 넘어서는 것이었다. 융이 프로이트의 눈에 든 것은 유대인이 아닌 아리아 혈통이라는 이유도 있었기 때문이다. 나치가 독일을 점령하고 1930년대에 오스트리아까지 진출하자, 유대인의 영역이었던 정신분석학은 공격의 표적이 되었고 점점 커지는 반유대주의 세력에서 융이 맡은 역할을 두고 말이 많았다. 융이 한편으로는 나치가 허락하지 않더라도 굴하지 않고 유대인 동료들과의 관계를 유지했지만 다른 한편으로는 정신의학의 나치화에 일조하면서, 히틀러에 대해 이중적인 태도를 취했기 때문이다. 자신의 학파가 프로이트나 아들러의 학파와 갈라진 것을 단호하게 반유대주의의 관점에서 설명한 도발적인 글을 쓰기도 했다. "프로이트와 아들러가 정신적인 모든 것을 원초적인 성욕과 본능으로 축소한 것은 일종의 단순화이기 때문에 여기에 유대인에게 유익하고 만족스러운 무언가가 있었다는 것을 나는 잘 안다."

융의 당대 지지자와 후대 옹호자들은 반유대주의 주장을 반박하는 증거를 엄청나게 제시했지만, 위와 같은 말 한마디는 융이 "거짓말쟁이에 잔인하고 생색내는 반유대주의자"라는 프로이트의 비난에 무게를 실어준다. 1924년에는 프로이트가 융을 '악마 같은 놈'이라고까지 불렀다. 반면 융은 프로이트의 단점을 지적하면서도 그의 업적을 인정해 예전 스승에게 머리를 더 숙였다.

세이빈
앨버트 세이빈
Albert Sabin, 1906~1993
미생물학자

VS

소크
조나스 소크
Jonas Salk, 1914~1995
미생물학자

ㆍ 분쟁 기간 1950년대~1990년대　　**ㆍ 분쟁 원인** 안전한 소아마비 백신을 찾아서

20세기 초에 공중위생 수준이 개선되었으나, 역설적으로 이 때문에 아이들은 소아마비 바이러스 감염에 더 취약해졌다. 이 바이러스는 사람에게 마비를 일으킬 수 있고 때때로 목숨을 앗아가기도 하는 회색질 척수염이라는 질병을 일으키는 미생물이다. 미국에서는 이 병에 대한 두려움이 훗날 '마치 오브 다임스March of Dimes'로 재명명되는 전국소아마비재단NFIP, National Foundation for Infantile Paralysis의 기금 마련 활동에 활기를 불어넣었다. 이 단체는 곧 자국 내에서 최대의 자금력을 가진 조직으로 성장했고 재단 대표인 바실 오코너Basil O'Connor, 1892~1972는 미국 과학계에 가장 큰 영향력을 미치는 거목이 되었다.

NFIP는 치열한 백신 연구 분야에 연구비를 지원했는데 1935년의 임상 시험들에서는 사死바이러스 백신다량의 바이러스를 포름알데히드와 같은 독성 약품에 노출시켜서 불활성화시킨 백신과 약독화/생生바이러스 백신살아 있지만 약해서, 즉 약독화되어서 대부분의 피접종자에서 면역 반응은 일으키되 질병을 일으키지는 않는 바이러스 균주를 이용한 백신 모두의 평가가 시도되었다. 이러한 임상 시험들은 실패로 돌아갔을 뿐 아니라 과학자들 사이에는 잘못된 백신에 노출된 어린이 일부가 이 백신 때문에 마비되거나 사망했다는 의혹이 제기되기까지 했다.

1940년대에는 중요한 몇 가지 발전이 이루어졌다. 존 엔더스John Enders, 1897~1985와 그 연구 팀이 생체 조직에서 소아마비 바이러스를 배양하는 데 성공한 것도 그중 하나인데, 이는 안전하면서도 효과적인 백신의 상용화가 코앞으로 다가왔다는 것을 의미했다. 오코너와 NFIP의 든든한 후원이 있었다면 그 누구라도 이러한 위업을 이루고 당대 의학계에서 가장 위대한 영웅이 되었을 것이다.

하룻밤 사이에 영웅이자 악당이 되다

미국 생물의학계의 기득권층에게는 분한 일이었지만, 오코너는 다른 연구자들의 발견을 초석으로 삼아 포름알데히드일명 포르말린로 바이러스를 불활성화시켜 만드는 백신을 개발하고, 시험하고, 사람이 참여하는 임상 연구를 준비할 인물로 젊은 미생물학자 조나스 소크를 선택했다. 소크만큼 상이한 평가를 받은 과학자는 거의 없다.《소아마비 : 미국에서 있었던 한 실화Polio: An American Story》의 저자 데이비드 오신스키David Oshinsky, 1944~에 따르면, 소크는 잘나가는 사람들이 모두 거절한 개한테나 시킬 일을 도맡을 준비가 되어 있었다고 한다. 반면에 소크의 전기 작가 제프리 크루거Jeffrey Kluger는 그를 "과학사에 있어서 구조적인 힘"이라고 묘사했다. 소크와 그의 연구 팀은 리더십

소아마비의 재앙

1938년 루스벨트 대통령이 지원한 치료 센터에서 입원해 있는 어린 소아마비 환자들이 다리에 부목을 대고 휠체어에 앉은 채로 집에서 온 편지를 읽고 있다.

과 열정적 연구를 바탕으로 1952년에 드디어 효과가 있는 백신을 만들어냈다. 1955년 4월에는 수차례의 투여 과정으로 접종하는 백신이 미국 전역으로 보급되기에 이른다.

소크는 하룻밤 사이에 미국의 영웅이 되었지만, 박수갈채를 즐기는 대신 거의 모든 사람과의 접촉을 피했다. 오신스키는 이것을 이렇게 적고 있다. "일단 목표를 달성하자, 소크가 자신의 성공이 협동을 통해 이룩된 것이라는 점을 언급하지 않았다거나 과소평가했다는 등의 비난이 쏟아지는 가운데 연구팀이 와해되어버렸다." 그는 영광을 혼자 독차지했다는 손가락질을 받게 되었다. "소크의 가장 놀라운 재능은 진심으로 인기에 무관심한 수줍은 유명 인사처럼 보이게 하면서 자신을 내세울 줄 아는 재주가 있다는 것이다."

일반인들도 그의 이름을 알아볼 정도가 되면서, 동료들은 소크에게서 냉정

> "소크는 평생 독창적인 생각을 해본 적이 없다."
>
> ― 앨버트 세이빈, 1990년

하게 등을 돌렸다. 1954년 노벨상이 소아마비 연구 분야에 수여되었으나, 수상자는 엔더스와 그 연구 팀이었다. 백신 개발 경쟁에 뛰어든 많은 학자가 영예로운 미국 국립과학아카데미National Academy of Sciences 회원 명부에 이름을 올렸지만 소크는 여기에 포함되지 못했다. 세이빈의 전기 작가 안젤라 마티샥Angela Matysiak의 말마따나 소크의 동료들이 '조나스 소크의 신화'를 인정하지 않았기 때문이다. 백신학자 폴 오피트Paul Offit는 "소크의 많은 동료가 그를 별볼일 없는 사람이라거나 사기꾼이라고 일축했다"라고 말했다.

오피트는 "그 누구도 앨버트 세이빈보다 더 비판적이고, 더 비열하고, 끈질기게 소크를 공격한 사람은 없었다"라는 말도 했다. 세이빈은 살아 있지만 약화된 바이러스를 이용한 다른 형태의 백신을 밀고 있었으며 소크의 것보다 자신의 백신이 더 우수함을 피력하는 선전 운동을 공격적으로 펼쳤다. 그는 오코너의 편파성을 비난하면서 "회색질 척수염에 사바이러스 백신을 사용하려면 무조건 안전해야 한다. 안전성을 더 높일 수 있다는 게 인정된다면, 지금은 충분히 안전하지 않다는 뜻이다"라고 주장했다. 그는 협박의 말을 돌려서 표현한 편지를 소크에게 보내는 등 비평을 멈추지 않았다. "친애하는 조나스에게. 자네가 알아두었으면 하는 사실이 있네. 찾아보면 내가 자네 등 뒤에서 무슨 말을 하고 다니는지 알 수 있을 걸세. 그런데 이것은 자네가 존경해 마지않는 다른 학자들의 의견이기도 하네. '사랑과 키스'는 아껴두겠네. 앨버트." 소크가 기억하기에, 언젠가 세이빈이 소크에게 전화를 걸어서 대중을 호도한다며 화를 낸 적도 있다고 한다. 소크는 "그땐 무척 놀랐다"라고 고백했다.

 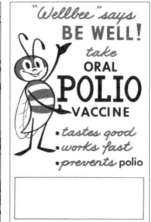

미국의 국가적 보건 운동의 포스터

소크 백신을 주제로 톰 리틀이 그려서 퓰리처상을 받은 직설적이지만 한눈에 쏙 들어오는 만화(좌). 세이빈의 먹는 백신을 지지하는 공중 보건 마스코트 웰비(우).

누구의 백신이 더 안전한가

세이빈과 소크 간의 싸움은 이따금 웨스팅하우스George Westinghouse, 1846~1914와 에디슨Thomas Alva Edison, 1847~1931 간의 교류·직류 전쟁225~233쪽 참고과 비슷한 양상을 띠기 시작했다. 두 사람 모두 자신의 백신의 안전성을 홍보하고 상대방의 백신의 위험성을 강조한 것이다. 세이빈은 1955년 4월의 커터 사건으로 먼저 공격권을 손에 쥐었다. 커터 사건은 소크 백신을 주사한 많은 어린이에게서 소아마비가 발병하고 그중 열한 명이 사망한 사건이었다. 공식적으로 이 비극은 캘리포니아 커터 제조소Cutter Laboratories에서 생산된 물량 중 하나가 기준에 적합하지 않았기 때문에 초래된 것이었지만, 소크의 포름알데히드 공정 자체가 안전하지 않을지도 모른다는 의심이 계속 주위를 맴돌았다.

바실 오코너에게 "이런 비극이 일어났을 때는 평소처럼 계속 일을 진행해서는 안 됩니다"라며 불평하는 편지를 쓰는 등 세이빈이 항변했음에도 불구하고 사건은 잘 무마되었고, 소크는 프로젝트를 계속해나갔다. 하지만 1950년대 후반 미국 의학계의 기득권 세력 다수가 세이빈 백신의 도입을 반대했을 때 또 다른 갈등이 불거졌다. 세이빈의 백신은 각설탕에 넣어서 경구로 복용할 수 있었기 때문에, 세이빈 백신을 도입하는 것은 소크 백신 주사를 놓아주고 돈을 받는 의사들에게는 몇 안 되는 확실한 수입원 중 하나를 뺏기게 된 셈이었다. 더 저렴한 백신 도입이 거부되었다는 것은 사회 전반을 소아마비로부터 보호할 수 없음을 의미했다.

무조건 안전하다고 보장된 백신

결국, 소크 백신과 비교했을 때 몇 가지 단점도 있지만 많은 장점이 있는 세이빈의 생바이러스 백신이 대부분 국가에서 사바이러스 백신을 대체하게 되었고, 전 세계적으로 소아마비를 거의 완벽하게 근절하는 데 기여했다. 세이빈은 후에 "내가 개발한 것은 백신 중 하나가 아니라 세상에 필요한 **바로 그** 백신이다"라는 말로 생색을 냈다. 그는 거의 말년까지도 소크를 향한 적개심을 거두지 않았다. 84세에 가졌던 한 인터뷰에서, 그는 소크를 "부엌에서 연구하는 화학자"라고 불렀다. 크루거의 말을 빌면, 소크는 이 말을 대수롭지 않게 여겼다고 한다. 크루거는 이렇게 덧붙였다. "우매함은 항상 소크를 화나게 했고 악의가 있는 우매함은 그를 훨씬 더 화나게 했다. 그러나 그는 감정을 겉으로 내보이는 일이 없었다. 절대로 말이다. 세이빈은 그가 이끌었던 것과 같은 연구실을 운영할 수 없으며 그가 진행했던 것과 같은 연구를 수행할 수 없고 화를 내는 호사를 누릴 자격도 없다." 소크가 기쁘게 생각했을지 모르지만, 현재 미국은 그의 백신을 '무조건 안전하다'고 보장되는 유일한 백신으로 인정하고 있으며 현재 영국 아이들에게 접종되는 백신도 소크의 것이다.

백신 접종 논란

백신 접종에 대한 의심은 적어도 에드워드 제너Edward Jenner, 1749~1823의 1796 년 실험까지 거슬러 올라갈 수 있다. 이 실험에서 제너는 여덟 살 소년 제임스 필립스James Phipps, 1788~1853에게 우두농을 접종한 후에 아이를 천연두에 걸리게 해서 자신의 방법이 효과가 있는지를 알아보고자 했다. 많은 사람이 비윤리적인 행위라며 제너를 비난했는데 이것은 공정하지 않은 대우라고 할 수 있지만 당시와 19세기 전반에 걸쳐 팽배했던 백신 접종에 대한 거부감은 식을 줄을 몰랐다. 백신 반대 운동가인 조지 깁스George Gibbs는 "병든 짐승의 피 속에 있던 혐오스러운 바이러스"를 접종한다는 발상을 맹비난했으며 백신 접종을 의무화하려는 움직임을 두고 "의학계의 스파이들이 집안으로 강제로 들어오려 한다"라고 혹평하며 압력을 행사했다. 최근에는 홍역measles, 볼거리mumps, 풍진rubella의 혼합 백신인 MMR 백신과 관련해서도 비슷한 두려움과 의심의 조짐이 있다153~157쪽 참고. 믿는 사람은 거의 없지만, 앤드루 웨이크필드Andrew Wakefield, 1957~ 박사의 허위 주장은 MMR 백신 투여와 자폐증 간에 상관관계가 있다는 증거로서 아직도 거론되고 있다. 배우 짐 캐리Jim Carrey, 1962~나 모델 제니 매카시Jenny McCarthy, 1972~와 같은 공인들도 백신과 자폐증에 대한 사실무근의 거짓말을 재탕하고 있고, 백신을 전반적으로 불신하는 비주류 문화가 선진국과 개발도상국 모두에 존재한다. 나이지리아에서는 UN이 후원하는 소아마비 백신 접종 프로그램이 무슬림을 공격하려는 범지구적인 음모의 일부라는 설도 있다. 이 때문에 질병이 심각하게 유행해서 안타까운 목숨이 희생되고 있다. 선진국에서는 MMR 백신에 대한 공포의 직접적인 결과로 홍역 발생률이 지난 7년 동안 2,000퍼센트 증가했다.

과학과 언론

과학은 반론의 여지없이 누구에게나 중요하다. 그러므로 모두가 과학을 배워야 한다. 하지만, 직접적으로 과학에 종사하는 사람은 극소수에 불과하며, 과학 교육은 피상적이고 그나마 쇠퇴하고 있다. 따라서 과학을 널리 알리고 그럼으로써 과학의 안전성, 윤리, 기금 후원의 필요성에 대한 인식을 심어주는 것은 언론의 몫으로 떨어진다. 대중에게 이러한 인식이 생기면 과학자는 정부, 자선 단체, 산업계의 연구비가 어느 분야로 배정될 것인지의 관점에서 직접적인 영향을 받는다. 바로 이런 식으로 과학이 통제되고 어떤 분야는 축소되거나 아예 사장되기까지 하는 것이다. 언론도 소비자의 선택이나 도덕적인 공황 상태와 같은 부분에서 대중에게 직접적인 영향력을 미친다. MMR 백신 접종이나 휴대 전화 안테나 설치를 그 예로 들 수 있다. 위험을 판단하고 과학적 증거를 바탕으로 정책이나 구매에 관한 결정을 내리는 대중의 능력은 언론이 보여주는 것에 좌지우지되게 되었다. 그렇다면 언론이 이 일을 얼마나 잘해내고 있을까?

▪▪ 과학을 선정화하는 언론

독립적인 영국 연구 단체인 사회주의시장재단SMF, Social Market Foundation은 2006년의 한 보고서에서 무책임하고 엉성한 보도를 통해 언론이 과학을 선정화한 책임이 있다는 결론을 내렸다. 언론의 과학 기록을 꾸준히 비평해온 《가디언Guardian》의 과학전문 칼럼니스트 벤 골드에이커Ben Goldacre, 1974~는 훨씬 더 노골적으로 지적한다. "언론은 왜 그렇게 요점이 없거나, 단순하거나, 지루한 방식으로 혹은 누가 봐도 틀린 내용으로 과학을 보여주는 것일까? 언론은 이야깃거리를 선정하고 소재를 풀어나갈 때 자기 이익을 위해서 비틀린 과학을 창조해낸다는 게 내 생각이다. 그런 다음 마치 과학을 비판하는 양 이 비틀린 이야기를 공격한다."

골드에이커와 SMF의 보고서는 영국 과학자이자 소설가인 C. P. 스노Charles Percy Snow, 1905~1980의 유령을 불러들여 점점 심각해지는 과학 저널리즘의 상황에 대한 경각심을 불붙이는 데 성공했다. 스노는 1959년에 과학과 인문학이라는 두 문화가 분리되는 것을 경고하는 내용의 강연을 한 적이 있다. 이 자리에서 스노는 많은 사람이 두 세계 모두를 아주 잘 파악하기 전 단계에는 교육과 사회의 변화가 두 세계의 양극화와 서로에 대한 무지를 초래한다고 강조했다. 그는 특히 과학을 상대로 한 의도적인 무관심과 쇼비니즘이라는 인문학의 문화를 비판했다. 그때 나 지금이나 많은 사람이 스노의 이론은 실수가 있거나 과장되었다고 말하지만, 어느 정도는 그에게 예지력이 있었고 그가 가장 두려워한 많은 일이 실현되고 있다는 증거가 곳곳에서 드러난다.

** 언론이 과학의 문제를 악화시키다

지난 10년 동안 가장 떠들썩했던 과학 이슈 중 하나로 MMR 백신 논란을 꼽을 수 있다. 앤드루 웨이크필드 박사가 극소수의 연구자들과 함께 MMR 백신과 자폐증 간의 상관관계를 제시한 것이 논란의 시초였다. 이러한 백신 반대파 무리 중 몇 명이 자신들의 주장을 뒷받침하기 위해 동료 간 검토를 거친 연구의 결과를 발표했는데 발표된 논문이라는 것들이 어떠한 결론을 내기에는 규모가 너무 작고, 연구 디자인도 엉성하고, 심지어 위법적인 연구의 가짜 결과라는 것이 분명하게 드러났다. 한편으로 표본 크기가 충분히 큰 심층 연구들은 MMR 백신과 자폐증 간의 관련성을 밝히는 데 줄줄이 실패했다. 그런데도 수년간 언론의 보도 내용과 그 어조는 MMR 백신을 둘러싼 주장의 진실을 사람들에게 보여주지 못했고, MMR 백신 접종자 수 급감의 직접적인 원인으로 작용해서 결국은 질병, 특히 홍역의 발생률을 증가하게 하고 많은 아이를 죽음으로 이끌었다.

더 최근에 영국에서 이슈가 된 백신 이야기로 자궁경부암 백신 주사제에 관한 일화가 있다. 이 백신 관해서는 한 신문사 내에서 상반되는 입장을 피력한 일이 있었다. 이 당시 백신 기사를 꾸준하게 다루고 있던 《데일리 메일Daily Mail》이 영국판에서는 새로운 백신의 안전성에 의문을 제기하는 〈자궁 경부암 백신, 얼마나 안전한가? 청소년 다섯 명이 들려주는 놀라운 이야기〉라는 머리기사를 실었을 때, 같은 신문의 아일랜드판인 《아이리시 데일리 메일Irish Daily Mail》에서는 〈오늘 《아이리시 데일리 메일》의 자궁 경부암 백신 접종 캠페인에 참여하세요〉라는 글로 백신 사용을 보류시킨 정부를 비판한 것이다.

또 다른 종류의 섬뜩한 이야기는 충분한 근거 없이 언론에서 쏟아내는 것들이다. 2009년 4월, 새로운 연구에서 인터넷 애플리케이션인 트위터가 사람들을 부도덕하게 만든다는 것이 입

영국의학협회 청문회 참석차 2007년 런던에 도착한 앤드루 웨이크필드 박사. 웨이크 필드는 그가 MMR 백신과 자폐증 간에 상관관계가 있다고 주장한 연구의 수행 방식이 잘못되었다는 지적을 받았다.

증되었다는 뉴스가 여기저기서 대서특필된 적이 있었다. 이 연구는 뇌 혈류 변화를 동정심을 느끼는 순간과 관련지어 분석했지만 실제로는 트위터는 고사하고 인터넷에 대한 언급도 별로 없었다. 저자 중 한 명인 안토니오 다마지오Antonio Damasio, 1944~ 교수는 다음과 같은 입장을 밝혔다. "우리의 연구를 읽어보면 아시겠지만 우리 연구는 트위터와는 아무 상관도 없습니다. 다른 연구자 중에 그런 관련성을 제기한 사람이 있었지만, 우리는 아닙니다. 우리 연구에는 트위터나 다른 어떤 소셜 네트워크에 대해서도 전혀 언급되어 있지 않습니다. 우리는 이것들에 대해 할 말이 한마디도 없습니다."

■■ 과학자를 슈퍼스타로도 괴물로도 만드는 언론

골드에이커는 '섬뜩한 이야기'를 우스꽝스러운 이야기와 혁신적인 이야기 두 가지와 대비시킨다. 세 가지 이야기 모두 과학의 진짜 진행 모습과 신중한 언어로 쓰인 과학 논문들을 왜곡하

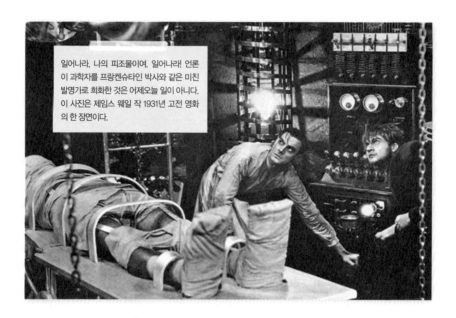

일어나라, 나의 피조물이여. 일어나라! 언론이 과학자를 프랑켄슈타인 박사와 같은 미친 발명가로 희화화한 것은 어제오늘 일이 아니다. 이 사진은 제임스 웨일 작 1931년 고전 영화의 한 장면이다.

는 경향이 있으며 1950년대의 케케묵은 (그리고 보통은 모순되는) 과학의 이미지만을 양산하고 강조한다. 스노에게 감명을 받은 골드에이커는 이 이미지가 실제로는 '인문학이 기자들을 배출했다'는 식의 과학에 대한 패러디인데, 이와 맞아떨어지는 요소가 전부 현대 사회에 존재한다고 설명한다. 다시 말해, 사회적 영향력이 있으면서 독단적이고 타고난 지배층인 과학자들이 근거 없는 진실을 난해한 말로 설교하는 것이 과학이라는 것이다. 그는 과학자들은 현실과 동떨어져 있다면서, 과학자들은 이상하거나 위험한 일을 하지만 어느 쪽이든 과학의 모든 것이 보잘것없고 모순적이며 어처구니없게도 이해하기 어렵다고 덧붙인다.

이 패러디의 기원은 블레이크William Blake, 1757~1827, 셸리Percy Bysshe Shelley, 1792~1822, 워즈워스William Wordsworth, 1770~1850와 같은 문호들이 과학 혁명에 반대해 과학자들을 영혼이 없는 기계 같은 인간으로 희화화한 낭만주의 시대로 거슬러 올라간다. 이 저항 운동은 메리 셸리Mary Shelley, 1797~1851의 소설 《프랑켄슈타인Frankenstein》으로 정점을 찍었다. 그때부터 언론은 과학의 복잡한 현실을 인정하고 그 대신 이를 간결한 해설 몇 문장에 쑤셔 넣으려고 한다.

그 결과, 과학자들과 언론 간의 불편한 관계가 오랫동안 이어졌다. 언론은 과학자를 슈퍼스타로 만들 수 있다. 최근의 인물로는 스티븐 호킹Stephen Hawking, 1942~과 리처드 도킨스를 예로 들 수 있고 알베르트 아인슈타인Albert Einstein, 1879~1955과 베르너 폰 브라운Werner von Braun, 1912~1977도 당대 언론의 총아였다. 폰 브라운이 나치 폭탄 제조가에서 삼촌 같은 디즈니 전문가로 획기적으로 변신할 수 있었던 것은 과학자의 성공을 좌지우지할 수 있다는 언론의 힘을 단적으로 보여준다. 폰 브라운은 제2차 세계 대전 때 나치를 위해 V2 로켓을 만들었고 친위대 장교로서 노예 노동력을 도입한 인물이다. 종전 후 그는 미국 로켓 프로그램을 감독했으며 1955년에는 월트디즈니사에 의해 발탁되어 우주 개발 경쟁에 관한 영화 시리즈에 출연하면서 미국에서 가장 유명한 과학자가 되었다.

언론은 미리 점찍은 사람을 영웅 과학자로 투영시키기도 한다. 1940년대와 1950년대에 사바이러스 소아마비 백신 프로젝트를 이끈 조나스 소크146~152쪽 참고가 대표적인 예다. 소크는 협력으로 이뤄낸 연구의 영광을 기쁜 마음으로 한 몸에 독차지하면서 하룻밤 사이에 과학계의 귀감이 되는 존경받는 권위자로 탈바꿈했다. 그의 라디오 연설이 전국으로 중계될 정도였다. 오늘날의 언론에도 영웅 과학자는 여전히 존재한다. 하지만, 뿌리 깊은 회의론과 의심이 대중과 기득권층 및 실력자 간의 관계를 바꾸어놓았다. 이 때문에 현대 과학의 영웅들은 종종 앤드루 웨이크필드 박사처럼 억압적인 거대 조직에 맞서 싸우는 고독한 인물로 그려진다.

프랭클린

로절린드 프랭클린
Rosalind Franklin, 1920~1958
결정학자

VS

윌킨스

모리스 윌킨스
Maurice Wilkins, 1916~2004
분자생물학자

분쟁 기간 1951~1953년
분쟁 원인 DNA의 비밀을 밝히기 위한 경쟁 중에 성격 차이로 인한 충돌
그 외 분쟁자 제임스 D. 왓슨James D. Watson, 1928~, 분자생물학자

DNA 구조를 규명하기 위한 경쟁의 이야기는 현대 과학에서 가장 흥미진진한 얘깃거리 중 하나다. 이 이야기는 제임스 왓슨의 베스트셀러 《이중 나선The Double Helix》 덕에 더욱 유명세를 타기도 했다. 1953년 2월 후반, 왓슨과 그의 동료 프랜시스 크릭Francis Crick, 1916~2004은 DNA가 분자 사슬 두 개가 나선형 사다리같이 얽혀 있는 이중 나선이라는 사실을 밝혀냈다. DNA는 당 분자들이 연결되어 각 사슬의 뼈대를 이루어서 사다리의 측면 기둥 역할을 하고 여기에서 튀어나온 뉴클레오티드nucleotide 염기라는 분자들이 사다리 단을 형

성하는 구조이다. 염기들은 정
해진 질서 정연한 방식으로 쌍
염기와 결합하는데 이 때문에
DNA가 유전 정보의 틀 기능을
해서 모든 생명체의 청사진 역
할을 할 수 있다.

DNA 수수께끼를 푸는 것은
과학계 최대의 도전 과제였다.
이 분야에서 프랜시스 크릭과
제임스 왓슨은 엑스레이 결정
분석이라는 과정을 통해 DNA

혈기왕성한 신세대 과학자
DNA 분자 구조 모형과 함께 있는 제임스 왓슨(좌)과 프랜시스 크릭
(우). 1953년 케임브리지 대학교.

분자를 영상화하는 중요한 작업을 한 모리스 윌킨스와 함께 DNA 연구로 노
벨상을 받았다. 하지만, 네 번째 주인공이 있었으니, 바로 로절린드 프랭클린
이다. 프랭클린도 이 영상 연구에 큰 기여를 했는데, 그녀의 노고 없이는 왓슨
과 크릭이 경주에서 앞서나가서 영광을 차지하지 못했을 터였다. 이 경주는
물론 프랭클린도 참가한 경주였다. 그녀는 왜 DNA 발견의 기회를 놓쳤고 왜
마땅히 받아야 할 보상을 받지 못했을까? 이는 간단히 설명할 수 있다. 슬프
게도 그녀와 모리스 윌킨스의 사이가 좋지 않았고 단순한 직장 내 불화가 프
랭클린을 역사의 한 자리에서 밀어내버린 것이다.

나는 누구의 조수도 아니다

로절린드 프랭클린은 여자가 대학교에 가는 것조차 드물던 시대에 과학자
를 직업으로 선택할 정도로 강단 있는 성격이었다. 그녀의 전기 작가 앤 세이

어Anne Sayre는 "그녀는 두려움에는 불같은 분노로 대응하고 일단 인정하고 넘어가기보다는 하나하나 따지고 싸우는 성격이었다. 이런 성격이 된 것은 아마도 어렸을 때 잠깐 건강이 안 좋았던 시절의 영향이 큰 것 같다"라고 설명했다. 프랭클린의 동료이자 친구였던 에런 클루그Aaron Klug, 1926~는 "그녀는 자신의 연구에서는 외골수고 타협이란 것을 몰라서 가끔 동료들과 감정이 격해지기 일쑤였다"라고 인정하면서도 "그녀는 엄한 사람이 아니었고 유머 감각도 있었다"라고 덧붙였다.

생체물리학 연구실의 책임자 존 랜들John Randall, 1905~1980은 엑스레이 결정학에 대한 프랭클린의 전문 지식을 자신의 연구실에서 막 시작된 DNA 연구에 활용하고 싶어 했다. 이런 그의 권유로 런던 킹스 칼리지로 옮겼을 때 프랭클린의 까칠한 성격은 문제의 불씨가 될 수밖에 없었다. 혹자가 진짜 악당으로 손꼽기도 하는 랜들은 프랭클린에게 "엑스레이 실험에 관한 한 모든 공은

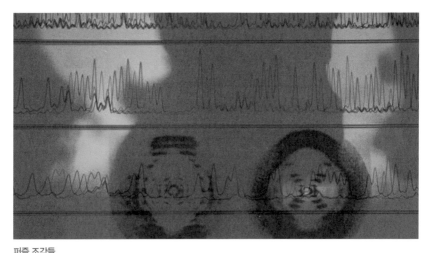

퍼즐 조각들
DNA 코드를 구성하는 염기들의 서열을 나타내는 현대적 DNA 서열 추적 그래프 위로 DNA 분자의 나선 구조를 보여주는 한 쌍의 엑스레이 회절 패턴이 겹쳐져 있다.

당신과 고슬링의 것이 될 것"이라고 똑 부러지게 못 박았다. 레이먼드 고슬링 Raymond Gosling, 1926~은 젊은 생체물리학자 모리스 윌킨스의 조수였다. 윌킨스는 DNA의 수수께끼를 이제 막 본격적으로 파고들려는 참이었으나, 휴가에서 돌아왔을 때는 자신의 책상과 대학원생을 이미 프랭클린에게 빼앗기고 개인적으로 아끼던 고품질의 DNA 샘플까지도 넘어간 상태였다.

랜들이 프랭클린을 얼마나 신뢰하는지 모르고 있던 윌킨스는 그녀가 공동 연구자로서 이 자리에 있다는 것은 꿈에도 생각하지 않았다. 그는 프랭클린이 자신에게 보고를 올릴 것이라고 생각했을 것이다. 성차별주의자의 생각대로 지배받는 입장으로 몰리는 것을 경계한 프랭클린은 발끈했다. 왓슨은 "그녀는 자신의 독자적 연구를 위해 DNA를 제공받았다고 주장했으며 절대로 자기 자신을 모리스의 조수로 여기지 않았다"라고 《이중 나선》에 적고 있다.

조금이라도 대화와 절충이 있었다면 모든 오해의 조짐들이 해소되었을지도 모르지만, 애석하게도 윌킨스와 프랭클린은 성격이 상극이었다. 호레이스 프리랜드 저드슨은 분자생물학의 탄생에 관한 그의 대표적 저서 《창조의 제8일The Eighth Day of Creation》에 다음과 같이 썼다. "윌킨스와 함께 일했던 몇몇 사람의 격렬한 반대에 부딪혔을 때 그가 한 유일한 반응은 고개를 돌려버리는 것이었다고 말했다." 유순한 성격의 윌킨스로서는 프랭클린의 저돌적인 스타일을 감당해낼 수 없었다. 왓슨은 "그녀가 모리스의 연구실에 도착한 바로 그 순간부터 그들은 서로를 싫어하기 시작했다"라고 적고 있다.

생물학역사가 로버트 올비Robert Olby, 1933~는 다음과 같이 지적했다. "윌킨스는 DNA 연구를 계속해나갔지만 그가 가진 샘플은 질이 좋지 않았다. 윌킨스와 프랭클린 간에 실질적인 협력이라는 것이 전혀 없었고 대화도 거의 나누지 않았다는 점에서 본다면 윌킨스의 가장 큰 적은 그 자신이었다. 그가 랜들과 프랭클린에게 용감히 맞서고 자리를 떠나지 않으며 효율적인 협력 관계

1962년의 노벨상 수상자들

제일 왼쪽이 윌킨스이고, 크릭이 왼쪽에서 세 번째, 왓슨이 오른쪽에서 두 번째다. 크릭과 왓슨 사이에 서 있는 사람은 작가인 존 스타인벡이다.

를 요구했더라면, 킹스 칼리지 연구 팀은 DNA 구조 규명의 경쟁에서 선수를 빼앗기지 않았을 것이다."

여성이라는 편견의 벽

그녀의 탓이라고는 할 수 없지만, 이제 프랭클린은 불리한 입장에 처하게 되었다. 윌킨스는 케임브리지 대학교에서 독자적인 연구를 진행하고 있던 크릭과 왓슨과 친구가 되었고 왓슨은 남성 중심적 시각에 물들어 프랭클린을 색안경을 끼고 보기 시작했다. 《이중 나선》에서 왓슨은 DNA의 비밀을 풀기 위한 경쟁에서 과학에 접근하는 창조적인 방식이 필요했던 상황은 헤아리지 못하고 프랭클린을 한 치의 다정함이나 발랄함도 없는 꽉 막힌 드센 여자로 묘사하고 있다. 그는 "프랭클린은 매력이 전혀 없는 것은 아니었다. 옷을 좀

> "어떤 사람들은 경쟁심이 지나치다.
> '노벨상 집착증'에라도 걸린 것 같다."
>
> – 프랜시스 크릭, 분자생물학자, 2004년

차려입기라도 한 날에는 꽤 예쁘기까지 했다"라는 등 그의 책 여러 곳에서 그녀를 분명히 성차별적인 어조로 언급했다. 그리고는 "확실히 프랭클린은 자기 자리를 스스로 찾아가거나 보내졌어야 했다. …… 한 명의 페미니스트에게 최상의 장소는 다른 사람의 연구실이었다"라고 말을 맺었다.

왓슨은 나중에서야 책을 통해 자신이 프랭클린을 잘못 알고 있었음을 시인했다. "그녀가 모리스와 사이가 나빴던 것은 함께 일하는 사람들과 동등하게 대우받기 위해서 어쩔 수 없는 일이었음을 우리는 알게 되었다." 책의 에필로그 장에는 프랭클린에게 우호적인 얘기만 실었지만, 이미 그녀에게 상처를 입힌 뒤였다. DNA 문제의 답을 찾는 데 있어서 결정적인 단서는 51번 사진Photo 51이었다. 이 사진은 프랭클린이 DNA 결정을 엑스레이로 촬영한 사진으로서 분자의 나선 구조를 분명하게 보여주는 것이었다. 윌킨스나 다른 사람들과의 불화가 사진의 중요성을 알아보지 못하도록 프랭클린의 눈을 가리고 있기 때문에 정작 프랭클린 자신은 근 8개월 동안 이 사진을 무시하고 있었다. 하지만, 이 사진의 중요성을 인식하기 시작했을 때인 1953년 1월은 이미 윌킨스가 왓슨에게 이 사진을 보여준 뒤였다.

2월 말에 이르러 왓슨과 크릭은 이 사진과 프랭클린의 연구에서 힌트를 얻은 다른 단서들을 조합해서 퍼즐을 풀어냈다. 일반적으로는 프랭클린과 윌킨스가 각각 케임브리지 팀보다 그리 많이 늦지는 않았던 것으로 알려져 있다. 후에 크릭이 짐작한 바로는 프랭클린은 DNA 구조를 밝혀내는 데 고작 3주에서 12개월 정도 뒤처졌을 뿐이었다고 한다. 프랭클린과 윌킨스가 성격 차이를 극복했더라면 훨씬 빨리 고지에 도달할 수 있었을 테지만, 킹스 칼리지 연구실에서 두 사람과 함께 연구했던 H. B. 펠H. B. Fell은 "두 사람 모두 상대하기 쉽지 않은 사람이었다"고 회상했다.

노벨상을 놓치다

DNA 논란에 관해 가장 잘 알려진 인식은 크릭, 왓슨, 그리고 숙적 윌킨스에게 돌아간 1962년 노벨상의 공동 수상자 목록에서 프랭클린이 불공정하게 제외되었다는 것이다. 이것은 윌킨스의 악감정과 왓슨의 비호의적 언사로 인해 그녀의 경력과 평판이 입은 상처들과 더불어 일반적으로 최대의 모욕으로 여겨진다. 실제로, 프랭클린이 마땅히 받았어야 할 명예를 얻지 못했다는 견해가 그녀를 페미니스트의 아이콘이자 과학계의 성性 장벽을 극복하려고 고군분투하는 여성의 상징으로 보이게 한다.

이 이야기의 대부분은 사실인 것으로 보인다. 프랭클린은 너무나 오랜 세월 동안 이중 나선의 전설에서 심하게 배척되었고, 길지 않은 인생에서 견뎌야 했던 많은 난관이 말도 안 되는 성차별주의 때문이었음도 증명되었다. 하지만, 프랭클린의 지지자들이 가장 크게 목소리를 높이는 항목인 부당하게 노벨상을 빼앗겼다는 주장이 근거가 없다는 점은 흔하게 간과되곤 한다. 그녀가 비극적으로 너무 일찍 생을 마감했으므로 어쨌든 노벨상을 받을 수 없었을 것이기 때문이다. 프랜시스 크릭은 이 상황을 다음과 같은 말로 설명했다. "사후死後 수상은 가능한 일이 아니다. 게다가 세 명까지만 공동 수상을 허용한다는 점에서 심사단에게도 문제가 되었을 것이다. 따라서 이런 상황에서 심사단이 어떤 결정을 내렸을지는 나도 잘 모르겠다."

몽타니에

뤼크 몽타니에
Luc Montagnier, 1932~
바이러스학자

VS

갈로

로버트 갈로
Robert Gallo, 1937~
바이러스학자

· 분쟁 기간 1984~1991년 **: 분쟁 원인** 누가 HIV를 발견했는가

2008년 노벨 의학상 수상자가 발표되면서 HIV 연구 학계의 오래된 상처가 다시 드러났다. 후천 면역 결핍증AIDS, acquired immune deficiency syndrome을 일으키는 바이러스를 발견한 공로로 노벨상의 절반이 프랑스 연구자인 뤼크 몽타니에와 동료 연구자 프랑수아 바레시누시Francoise Barre-Sinoussi, 1947~에게 돌아간 것이다. 처음에 'HIV의 최초 발견자'로 알려졌던 미국의 로버트 갈로는 노벨상 위원회의 인정을 받지 못한 셈이다. 1980년대에 이들이 선취권을 두고 상당 기간 반목하는 바람에 AIDS 연구가 지체되고 많은 사람이 생명을 잃었는데, 과학 전문 기자인 앤디 콜런Andy Coghlan은 이를 두고 '의학사에서 가장 치졸한 사건'이라고 했다.

AIDS의 바이러스를 발견하다

1981년, 전에 없던 치명적인 전염병이 혈관에 주사하는 약물 사용자와 남성 동성애자들에게 유독 많이 발생한다는 증거가 쌓여감에 따라 전 세계의 의사들은 긴장했다. 이 전염병은 1982년에 AIDS로 명명되었고, 오염된 혈액을 통해 퍼진다는 것이 확인되었다. 하지만 질병을 일으키는 원인을 알지 못했으므로 보건 당국은 검사 방법은 고사하고 비축된 혈액이 안전한지 혹은 무고한 환자들이 우연히 감염될 수도 있는지를 확인할 방도조차 없었다. 이에 프랑스의 파스퇴르 연구소Pasteur Institute와 미국의 국립암연구소NCI, National Cancer Institute가 함께 선봉에 서서 AIDS의 원인을 밝혀내기 위한 집중적인 연구에 착수했다.

NCI 소속의 미국 바이러스학자인 로버트 갈로는 바이러스의 일종을 발견

케이프타운 근처 흑인 거주 구역
HIV를 인정하지 않는 세력들은 아프리카에서 AIDS가 창궐하는 실제 원인이 가난과 환경 오염이라고 비난했다.

하여 인체 티세포 백혈병·림프종 바이러스Human T-cell leukaemia/lymphoma virus 혹은 HTLV라 명명함으로써 숙주 세포의 DNA에 자신의 유전 물질을 삽입해 바이러스를 생산하는 공장으로 변질시키는 음흉한 병원균 레트로바이러스에 관한 연구 분야를 개척한 사람이다. 그는 비슷한 바이러스가 AIDS를 일으키는 것일 수 있다는 설득력 있는 제안을 했다.

한편, 프랑스에서는 AIDS 환자들의 조직 샘플에서 바이러스를 분리하는 연구를 위해 바이러스학자인 뤼크 몽타니에가 초빙되었다. 몽타니에의 연구 팀은 1983년 초에 프레데릭 브뤼지에르Frederic Brugiere라는 패션 디자이너의 림프절 샘플에서 레트로바이러스를 분리해냈다. 연구 팀은 바이러스의 전자현미경 사진을 찍어서 《사이언스》에 투고했고, 이는 그해 5월 20일에 게재되었다. 몽타니에는 바이러스의 명칭을 정하지 않은 상태에서 존경하는 동료학자 갈로의 조언을 받아들여 이 레트로바이러스가 HTLV의 일종일 수 있다고 발표했지만, 사실 이 두 바이러스 간에는 유사점이 전혀 없었다. 몽타니에는 나중에 이 바이러스를 림프선증 연합 바이러스LAV, lymphadenopathy associated virus 로 명명하고 후에 다시 인체 면역 결핍 바이러스human immunodeficiency virus 혹은 HIV로 개명했다.

당시에 학계에서 갈로의 영향력이 굉장했고 동료학자들이 그의 의견이면 무엇이든 존경심을 가지고 동조했기 때문에, LAV의 고유한 실제 성질이 크게 간과되어버렸다. 프랑스 팀의 논문이 같은 《사이언스》 발행호에 함께 수록된 갈로의 논문에 가리는 바람에, 거의 확실한 AIDS의 원인으로 HTLV가 집중 조명을 받은 것이다. 1987년에 이르러서야 바이러스학자인 아브라함 카르파스Abraham Karpas가 이것이 끔찍한 실수였다고 주장했다. "꼬박 1년을 헛수고했다. 이 1년 동안 많은 생명을 구할 수 있었고, 많은 환자의 감염을 예방할 수 있었다. 갈로가 HTLV를 AIDS의 원인으로 고집하는 바람에 AIDS 연구의 결정적인 순간에 너무나 많은 사람이 잘못된 길로 들어섰다." 마찬가지로, 미국 질병통제센터CDC, Centers for Disease Control의 돈 프랜시스Don Francis, 1942~ 도 '엄청난 혼란'을 초래한 데 대해 갈로를 비난했다.

단순한 부주의였을까

원인균이 이미 발견되었음을 인지하지 못한 채, 갈로는 자신의 연구를 계속했다. 1983년 7월에 그가 검사할 수 있도록 몽타니에가 LAV 분리 균주 샘플을 보내주었다. 갈로는 당시 이 샘플이 얼마나 중요한지 알지 못했다. 그 자신도 "내가 샘플을 얻게 되어서 흥분했었느냐고? 아니다. 전혀 그렇지 않았다. 나는 샘플을 냉동고에 넣어놓고 나가서 배구를 했다"라고 인정한 바 있다. 같은 해 9월, 프랑스 연구 팀이 LAV 검사법상품으로 개발되면 수백만 달러의 가치가 있을 검사법의 영국 특허를 신청한 직후에 몽타니에는 갈로에게 샘플을 추가로 보내며 상업적 목적으로 사용해서는 안 된다는 조항을 명기한 계약서를 동봉했다. 몽타니에 연구 팀은 곧이어 12월에 미국 특허를 신청했다.

갈로는 검사할 샘플이 이미 있는 것만 해도 많았는데, 조사한 AIDS 샘플 전부에 공통으로 존재한 바이러스 한 종류를 동정同定하는 데 성공했다는 소문이 1984년 4월부터 나돌기 시작했다. 자신의 HTLV 가설을 아직도 밀고 있던 갈로는 이 바이러스를 HTLV-III라고 불렀다. 4월 23일, 미국 보건복지부는 갈로의 참석하에 기자 회견을 열어 새로운 발견을 널리 알렸다. 그리고 같은 날 새 바이러스의 검사법에 대한 특허를 신청했다. 5월에 갈로는 HTLV-III에 관한 논문 한 편을《사이언스》에 발표하고 사진도 함께 실었다. 프랑스 연구 팀과 그 밖의 연구자들은 이상한 낌새를 눈치 챘다. HTLV-III의 생김새가 LAV와 너무나 비슷했기 때문이었다.

> "일이 다르게 돌아갈 수도 있었겠지만,
> 어쨌든 모든 사람은 각자의 개성이 있는 법이다."
>
> – 뤼크 몽타니에, 1987년경

그러자 선취권을 두고 소동이 일어났다. 1985년에 프랑스 연구 팀이 진단 검사법 특허 사용료를 요구하는 소송을 건 것이었다. 갈등은 최고 수준까지 고조되다가, 로널드 레이건Ronald Reagan, 1911~2004 미국 대통령과 자크 시라크 Jacques Chirac, 1932~ 프랑스 총리가 법정 밖에서 이뤄낸 합의를 통해 극적으로 타결되었다. 이 합의의 내용은 갈로와 몽타니에 두 사람을 모두 최초 발견자로 인정하는 것이었다. 1988년《사이언티픽 아메리칸Scientific American》에 실린 기사의 기고자 중 한 명은 이렇게 말했다. "이에 우리 연구소에서 거의 동등한 비율로 기여한 연구를 통해 AIDS의 원인이 새로운 인체 레트로바이러스임을 입증해냈다." 프랑스 연구 팀은 결국 진단 검사법 사용료 소송에서 미화 600만 달러를 받고 합의해주었다.

하지만 이야기는 여기에서 끝나지 않는다. 갈로의 HTLV-III가 LAV와 동일한 것인가에 관한 논쟁은 1991년에 갈로가 두 바이러스가 같은 것임을 인정하는 서신 한 장을《네이처》에 보내어 실토할 때까지 시끄럽게 이어졌다. 더 나중에는 심지어 두 바이러스가 같은 환자, 즉 브뤼지에르의 샘플에서 나왔다는 사실도 밝혀졌다. 갈로는 자신의 배양 세포가 프랑스 연구 팀의 바이러스로 오염되는 바람에 생긴 실수라고 해명했다. 1992년에 국립과학아카데미의 심사단이 '정도가 심한 지적 부주의함'을 이유로 갈로를 고소했고, 미국 보건복지부의 연구윤리국에서는 학술적 부정행위의 측면에서 유죄로 판정했다. 항소심에서 모든 혐의가 번복되었지만, 이 논쟁으로 갈로의 이름이 더럽

혀져 노벨상 수상자 후보에서 제외되기에 이르고 그 밖에 훨씬 치명적인 결과들을 초래했다는 데에는 의심의 여지가 없다. 이 스캔들을 처음 조사한 과학 전문 기자 스티브 코너Steve Connor는 다음과 같은 말로 요약했다. "깨끗하지 않은 피로 바이러스를 멀리 퍼뜨리고, 위대한 과학자들 사이에 불신의 분위기를 조성하고, 법정으로까지 끌고 갔다. 학계의 협력 관계도 손상되었다."

이 사건은 갈로가 AIDS 연구에 끼친 지대한 공헌도 가려버렸다. 그는 LAV가 AIDS의 매개체라고 분명하게 단정할 수 있게끔 하는 중대한 발견을 여러 차례 이루었고 이후에도 연구의 발전에 많은 기여를 했다. 현재 갈로와 몽타니에는 가까운 친구이자 동료로 잘 지내고 있으며, 몽타니에는 갈로를 수상자 후보에서 제외하기로 한 노벨상 위원회의 결정을 안타까워한다. "확실히 그도 우리 둘만큼 이 상을 받을 자격이 있다." 갈로 본인은 "실망스럽다"라고 인정하면서도 "내 오랜 벗이자 동료인 뤼크 몽타니에 박사와 그 동료 프랑수아 바레시누시가 이 영광을 차지하게 되어 기쁘게 생각한다. 오늘 아침에 나도 동등한 자격이 있다고 말해준 몽타니에 박사의 친절한 소감문을 읽고 참 흡족했다. 노벨상 위원회가 이 수상을 통해 AIDS의 중요성을 인정했다는 데 만족한다"라며 수상자를 드높임으로써 우아한 태도를 보였다.

아프리카 AIDS 논쟁

　　AIDS의 창궐로 가장 큰 타격을 받은 곳은 바로 아프리카다. 또한 아프리카는 AIDS의 원인과 치료법을 사이에 둔 치열하고 극심한 갈등의 무대이기도 했다. HIV/AIDS 거부론자들의 핵심 세력은 남아프리카에 본거지를 두고 전前 대통령 타보 음베키|Thabo Mbeki, 1942~의 전폭적인 지원을 받으면서, AIDS는 HIV로 걸리는 병이 아니라 가난과 영양실조 때문에 생기는 병이며 선진국들의 사회적 불평등과 아슬아슬한 인종 차별을 반영하는 것이라고 주장한다. 항레트로바이러스 약물을 복합적으로 사용하는 방법은 아직 AIDS를 완치하지 못하고 괴로운 부작용이 있을 수 있지만, 수명을 연장시키고 HIV전염 비율을 낮추는 것으로 입증된 치료법이다. 그런데 이 무리는 효과가 좋은 이 치료법을 반대하고 비타민 보충제와 같은 '자연' 치료를 지지한다.

논란이 많은 생물학 교수 피터 듀스버그
1992년 버클리 대학교 실험실에서. HIV/AIDS에 대한 주류의 견해와 입장을 달리하기 전까지 그는 암유전학에 관한 연구로 찬사를 받았다.

유명한 HIV/AIDS 거부론자 중에 한때 세인의 존경을 한 몸에 받았던 분자생물학 분야의 최고 권위자 피터 듀스버그Peter Duesberg, 1936~ 교수가 있다. 듀스버그는 AIDS의 유행이 조작된 이야기이며 과학자들과 제약 회사들이 실적을 쌓고 연구비와 막대한 이익을 챙기려고 벌인 사기극이라고 주장한다. 그는 영국 일간지 《더 선데이 타임스The Sunday Times》에 수차례 사설을 실으며 유명세를 얻었는데, 이 사설은 "완전히 잘못된 견해이며 형편없기까지 하다"라는 《네이처》의 혹평을 받았다. 듀스버그와 과거에 친분이 있던 하버드 대학교 교수 맥스 에섹스Max Essex는 역사가 그를 '단순히 과학계에 시비를 걸려는 미친 사람' 또는 '대량 학살 유발자'로 심판할 것이라고 단언한다. 듀스버그의 제자 중에 크리스틴 마지오레Christine Maggiore, 1956~2008도 이름이 알려진 HIV/AIDS 거부론자이자 운동가였다. 그녀는 임신 중임에도 ARV 제제나 그 밖의 항HIV 예방약 복용을 거부하고 다른 HIV 양성 산모들도 자신의 뒤를 따르도록 캠페인을 벌였다. 결국, 그녀의 딸 하나는 불과 세 살에 AIDS 관련 질환으로 사망했고, 2008년에는 마지오레 자신도 AIDS 환자들의 흔한 사망 원인인 폐렴으로 생을 마감했다.

2000년에 음베키는 듀스버그가 포함된 HIV와 AIDS에 관한 대통령 자문단을 소집하고 같은 해에 HIV가 AIDS를 일으킨다는 견해를 공식적으로 부인했다. 그 결과로 AIDS 환자들에게 제공되던 약물 치료와 HIV 확산을 막기 위한 교육 프로그램이 중단되었다. 제약 회사들이 치료제 무상 공급을 제안했는데도 말이다. 보스턴에 있는 하버드 공중보건대학원의 프라이드 치그웨데르Pride Chigwedere, 1974~와 연구진은 2008년 한 연구에서 음베키 정부의 정책 때문에 33만 명이 불필요하게 생명을 잃었고 HIV에 감염된 아기가 3만 5,000명 이상 증가했다고 평가했다. 연구진은 이 추정치가 '매우 보수적인 가정'하에 산출된 것이라고 지적하면서 다음과 같은 결론을 내렸다. "남아프리카에서 많은 생명이 희생된 것은 HIV를 예방하고 치료할 수 있는 ARV 제제들을 시기적절하게 들여오지 못했기 때문이다."

또 다른 유명한 AIDS 거부론자로 마티아스 라스Mattias Rath를 꼽을 수 있다.

법원 앞에서 시위

HIV 환자들에게 더 나은 치료를 제공하기 위한 남아프리카 구호 단체 트리트먼트 액션 캠페인의 회원들이 마티아스 라스의 재판이 벌어지는 동안 시위를 벌이고 있다.

라스는 닥터 라스 재단을 통해 전 세계에 영양제를 팔면서 전통 의학은 유해하고 질병을 일으키지만 자신의 영양 보조제는 암, 심장 질환, 뇌졸중, 그리고 아마도 가장 말이 많을 AIDS를 포함해 다양한 중증 질환을 치료할 수 있다고 선전한다. 그는 남아프리카에서 AIDS를 치료하는 ARV를 대체할 수단으로 자신의 영양제를 홍보하는 데 상당한 성공을 거두었다. 영국의 HIV/AIDS 전문가인 브라이언 가자드Brian Gazzard 교수는 라스가 내세운 메시지를 '극도로 해롭다'라고 평가했다. 또 몬트리올 맥길 AIDS 센터McGill AIDS Centre의 책임자인 마크 웨인버그Mark Wainberg, 1942~는 "그는 분명히 HIV 환자들에게 엄청나게 위험한 짓을 하고 있다"라며 우려를 표했다. 2008년에 남아프리카 법원에서는 라스의 영양제 비타셀VitaCell의 AIDS 치료 관련 임상 시험이 불법이라는 판결을 내렸다. 이 임상 시험의 참가자 몇몇이 사망하고, 사망자의 친지들이 임상 시험 중에 고인들이 일반적인 의학 치료를 중지하라는 요구를 받았다고 진술한 것이었다.

닥터 라스 재단의 전前 대변인인 앤서니 브링크Anthony Brink가 남아프리카의 AIDS 운동가인 잭키 아흐마트Zackie Achmat, 1962~를 집단 학살 혐의로 기소되게끔 유도해 또 다른 논란이 불거진 일도 있었다. 브링크는 법원에 제출한 고발장에서 사방이 하얗고 형광등이 항상 밝게 켜져 있는 작고 튼튼한 우리에 아흐마트를 가두어놓고 감시해야 한다고 요구했다. 그리고 이 우리 안에서 그에게 억지로 AIDS 약을 먹여야 하며 만약 그가 물거나, 발로 차거나, 심하게 약을 쓰면 들것에 뉘여 사지와 목을 묶고서 팔에 주삿바늘을 꽂아야 한다고 덧붙였다. 《가디언》의 과학 전문 기자이자 '배드 사이언스Bad Science' 블로그 운영자인 벤 골드에이커가 이러한 시끄러운 현안 몇 가지를 세상에 알리자, 라스는 이 신문을 명예 훼손으로 고소했다. 그러나 라스는 2008년 9월에 고소를 취하하고, 미국 법원에서 첫 지불금으로 22만 파운드를 지불하라는 명령을 받았다.

과학은 정치와 무관하다?

17세기에 과학 혁명이 태동하기 전부터 과학과 정치는 이미 불가분의 관계를 맺고 있었다. 런던 왕립협회는 왕실의 후원을 얻기 위해 열띤 로비를 벌였다. 이를 통해 지위가 보전되고, 그럼으로써 연구비 지원을 늘릴 수 있다는 사실을 알았기 때문이다. 프랑스도 상황은 비슷해서 프랑스 과학아카데미는 경쟁자인 영국보다 자국의 군주와 훨씬 가까운 관계를 맺고 있었다. 신성 로마 제국 학자들도 지지 않고 루돌프 2세Rudolf II와 같은 황제들을 보좌하며 손쉽게 프라하를 근세 지성의 중심지로 만들었다. 자연철학자들은 장미십자회와 같은 급진적이고 혁명적인 운동에 앞장섰고 후일에는 미국 독립 혁명과 프랑스 대혁명을 주도하기도 했다.

과학 단체들의 몸집이 거대해지고 과학의 규모, 야심, 그리고 씀씀이가 증가함에 따라 국가가 더 많은 부분에 관여하고, 연구비 배정과 연구의 나아갈 방향을 결정하는 데 정치의 영향력이 커졌다. 이러한 경향은 전쟁 중에 더욱 두드러졌다. 전쟁을 계속하고 특히 무기 제조 기술을 개발하는 데는 국가의 과학 기술력이 직결되었기 때문이다. 제1차 세계 대전을 예로 들면 화학과 라디오 분야에서 엄청난 발전이 이루어졌고, 제2차 세계 대전은 레이더, 초음파, 전자, 컴퓨터, 원자 에너지 분야의 진보를 앞당겼다. 20세기에도 과학은 이데올로기에 끌려다니는 모습을 보였다. 나치와 소련이 자신들의 세계관을 정당화하기 위해 과학을 이용해 자신들의 구미에 맞

배우이자 파킨슨병 연구 운동가인 마이클 J. 폭스와 유수의 정치가들이 지켜보는 가운데 상원 의원 알렌 스펙터가 미국 문화 전쟁의 뜨거운 쟁점인 줄기세포 연구의 합법화를 지지한다는 연설을 하고 있다.

게 변형시키려 한 것이다. 예를 들어, 나치는 그럴싸한 인류학과 유전학을 이용해 인종 차별을 뒷받침했고 소련은 멘델 유전학과 같은 일부 과학 분야를 억제하는 한편 리센코학설환경적 변화로 습득된 형질이 유전될 수 있다는 학설-역주과 같은 다른 분야들은 장려했다. 리센코학설은 사이비 과학자인 트로핌 리센코Trofim Lysenko, 1898~1976의 아이디어를 기반으로 하며, 소련의 농업과 과학 양쪽에 지속적이고 지독한 결과를 초래했다. 흉작과 기근으로 많은 사람이 굶어 죽었고, 스탈린 치하에 유전학이 '부르주아 사이비 과학'으로 선언되었을 뿐만 아니라 리센코에 반대하거나 단순히 다른 분야를 연구하던 많은 과학자가 강제 노동 수용소로 보내졌다.

정치 이데올로기를 과학과 접목하려는 시도는 오늘날에도 이어진다. 일례로, 최근 몇 년간 미국 과학계가 보수파 핵심 세력의 의제를 지지하는 부시 행정부로부터 받은 처우를 살펴보자. 일부 연구 분야는 연방 기금이 삭감되거나 자금 통로가 아예 막혔으며, 그중에서도 가장 호

그린피스 회원들이 2004년 독일 국회 의사당 앞에서 사람의 유전 물질에 특허권을 매기는 것을 반대하는 운동을 벌이고 있다. 과학, 특히 응용과학 분야에서 윤리 문제는 정당한 정치적 사안으로 취급된다. 과학이 할 일은 무엇을 할 수 있는지를 찾는 것이지만, 정치인과 법조인은 무엇을 허용해야 하는지를 결정하는 것이다.

되게 당한 분야는 줄기세포 연구 분야였다. 더 개괄적으로 설명하면 부시 행정부의 공화당은 반反주지주의적 입장을 취하면서 과학과 과학자들을 묘사하려고 했고, 지난 대통령 선거 때의 공화당은 그 정도가 더 심했다. 몬태나 그리즐리 곰 유전학 연구 프로젝트가 그 예다. 대통령 후보자 존 매케인John McCain, 1936~이 연방 정부가 이 프로젝트에 300만 달러를 지원하는 것을 두고 "범죄 행위다"라거나 "믿기지 않는다"라는 발언을 하는 등 이 프로젝트는 끊임없는 공격에 시달려야 했다. 그러나 과학자들은 이 연구가 유용하며 아주 중요하다고 항변했다. 기상학도 손꼽히는 전쟁터다. 미국에서 주 정부가 지원하는 과학 분야는 정치적 사안의 영

향을 크게 받는데, 많은 기상학자가 정치적인 이유로 보고서를 다시 써야 했다고 토로했다.

순수한 과학은 정치와 무관하다는 것이 보편적인 인식이었다. 개인이나 단체의 편견, 의견 등이 개입하지 않는 객관적 과정이라는 것이다. 하지만 1960년대, 1970년대 이래로는 이러한 견해가 토머스 쿤Thomas Kuhn, 1922~1996 이나 피에르 뒤앙Pierre Duhem, 1861~1916과 같은 철학자, 역사학자들에 의해 도전을 받았다. 피터 갤리슨Peter Galison, 1955~과 같은 사회학자와 인류학자들은 이를 세부적으로 조사하기도 했다. 피터 갤리슨은 '거대 과학세계 최대의 소립자물리학 연구실인 유럽원자핵공동연구소(CERN, Conseil Europeen pour la Recherche Nucleaire)나 인간 유전체 계획(178~184쪽 참고)와 같은 프로젝트'의 사회적 측면을 탐구한 인물이다. 과학도 다른 어떠한 인간사만큼이나 정치적이라는 탈脫근대주의, 반反실증주의적 견해가 부상한 것이다.

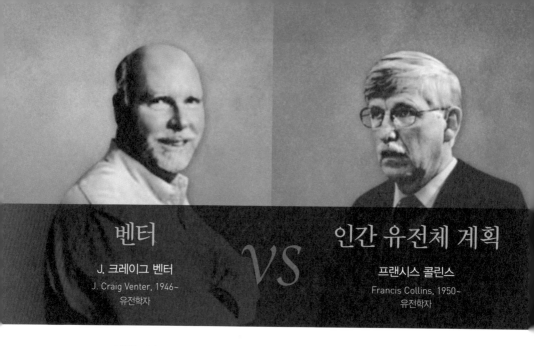

벤터

J. 크레이그 벤터
J. Craig Venter, 1946~
유전학자

VS

인간 유전체 계획

프랜시스 콜린스
Francis Collins, 1950~
유전학자

분쟁 기간 1991 ~ 2001년 경 **분쟁 원인** 인간 유전체의 서열 분석
그 외 분쟁자 존 설스턴John Sulston, 1942~, 분자생물학자

밝혀낸 것은 인류 역사까지는 아니더라도 과학사에서 집단적인 노력이 이뤄낸 가장 위대한 성과 중 하나라고 할 수 있다. 하지만, 국제적 협력의 본보기여야 할 이 사건은 《뉴스위크Newsweek》의 표현대로 "우주 개발 경쟁 이래 최대의 한 맺힌 대결"로 전락해버렸다.

유전체 전쟁이 발발하다

문제가 시작된 것은 1991년이었다. 정부의 간섭을 못마땅해하던 독단적인 과학자 크레이그 벤터가 인간 유전체 계획HGP, Human Genome Project은 인간 유전체 중에서 유전자를 해독하는 부분에만 집중하고 '쓰레기 DNA'라고 알려진 상당량의 나머지 부분은 무시해야 한다고 공개적으로 제안하며 선배 연구자들의 심기를 건드린 것이다. 당시에 미국 국립보건원NIH, National Institutes of Health에서 근무한 벤터는 NIH가 발견한 유전자에 대해 특허를 출원하는 것을 지지했고 그의 상관 몇 명도 처음에는 동의했다. 이에 당시 해당 프로젝트의 책임자였던 제임스 왓슨은 격노했다. 왓슨은 "누가 봐도 원숭이라도 할 수 있는 일"이라고 말하면서 제 잇속만 차리려는 벤터의 방식을 묵살하고, 유전자에 특허를 걸려는 움직임을 완전히 미친 짓이라며 맹비난했다. 그는 의회에 출석하여 "소름끼친다"라는 한마디를 내던졌다. 그 결과 왓슨은 NIH에서 나와야 했는데, 벤터는 이미 개인 자금으로 새로운 벤처 회사를 세우려 조직을 떠난 후였다.

벤터는 1998년에 셀러라 제노믹스Celera Genomics라는 민간 자본 벤처 회사를 설립했다. 그리고 전체 유전체 산탄총 분석법shotgun method이라는 논란이 많은 기술을 이용해 최첨단 서열 분석기와 슈퍼컴퓨터로 인간 유전체를 분석하겠다고 공표해 세상을 또 한 번 시끄럽게 했다. 어떠한 발견 성과에 대해서도 특허를 내지는 않을 것이라고 했지만, 벤터는 이를 이용해 돈을 벌 계획을 세웠다. 그중에서도 가장 입이 벌어지는 점은, 느려 터지고 지지부진한 HGP보다 훨씬 빠르고 저렴하게 이 모든 것을 이뤄내겠다고 호언장담한 것이었다.

벤터의 폭탄 선언은 '유전체 전쟁'에 불을 붙이고 정부의 연구비를 지원받는 많은 과학자에게 그를 제1의 공공의 적으로 만들었다. 라이벌들과의 분쟁이 더욱 첨예해지는 가운데 벤터는 '히틀러', '자기가 잘난 줄 아는 골칫거리', '미치광이 기회주의자'로 불렸다. 초기의 반응은 다양했다. 생물학자 메이너드 올슨 Maynard Olson은 "언론 플레이로 과학을 한다"라며 조소했고, 로버트 워터스톤

"한 번 더 해볼 만한 가치 있는 일이 있다면,
그것은 인간 유전체 분석이다."

– 데이비드 하우슬러, 생물분자공학 교수, 2000년 7월

인간 유전체 계획

인간의 유전체 코드는 무려 염기 30억 개가 이어진 길이다. 1980년대에는 인간 유전체가 생물학에서 개척해야 할 최후의 분야였다. 이 코드의 염기 서열 대부분을 밝혀낸다는 프로젝트는 처음에는 과학적 판단력 부족에서 발로한 무모한 행동으로 취급받았다. 비평가들은 아직 작은 박테리아의 염기 서열조차 규명하지 못했는데 하물며 고등 척추동물이 가능하겠느냐고 지적했다. 길이가 짧은 DNA의 염기 서열을 분석해내는 기술은 이미 있었지만, 그 과정이 힘들고 느린 데다 비용이 매우 많이 들었다. 이 분석에 필요한 시간, 노동력, 돈은 다른 여러 과학 분야에서 빌려와 충당해야 했다. 게다가, 주위의 격려는커녕 조금이나마 인간 유전체에 대해 밝혀진 사실을 바탕으로 유전자를 포함하지 않고 기능이 알려지지 않은 '쓰레기 DNA'의 염기 서열을 분석하는 데 대부분의 노력이 낭비될 것이라는 의견이 많았다.

1985년, 캘리포니아 대학교의 총장 로버트 신셰이머Robert Sinsheimer는 유전체 분석의 궁극의 목표에 도전할 프로젝트의 창설을 논의하고자 최고의 유전학자들을 모임에 초대했다. 이들이 내린 결론은 그런 프로젝트는 실현 가능하지 않다는 것이었지만, 이미 엎지른 물을 다시 담을 수는 없었다. 미국 에너지국DoE, Department of Energy의 찰스 드리시Charles DeLisi, 1941~는 원자 폭탄 제조 기술의 수요가 사양 국면에 접어든 이 시점에서 인간 유전체 분석이 에너지국에 딱 필요한

주력 프로젝트가 될 수 있다고 판단했다.

1986년에 드리시가 또 다른 워크숍을 열었지만, 이 야심 찬 계획에 대해 여전히 회의적인 태도가 팽배했고 심지어 비웃는 이들도 있었다. 초기의 비평가 중 유전학자인 데이비드 보트스타인David Botstein, 1942~은 이를 "실직한 폭탄 제조가가 세운 계획"이라고 묘사했다. 과학자들은 HGP가 연구 자원들을 빼앗아갈까 봐 경계했고 다른 과학 분야, 특히 생물학 관련 분야에 어떤 영향을 미칠지에 대해서도 심각하게 걱정했다.

1988년에 미국 국립연구위원회에서 소집한 또 다른 전문가 모임에서는 회의론을 누그러뜨릴 방법을 구상해냈다. 단순한 생물체의 유전체부터 단계적으로 연구하자는 것이었다. 인간 유전체에 대한 작업은 먼저 염색체 지도를 만드는 것으로 시작할 예정이었다. 이를 통해 당장에 생물의학적으로 중요성을 띠는 질병 유전자를 선별해낼 수 있을 것이었다. 세부적인 염기 서열 분석은 나중에 기술이 발달한 다음에 착수하면 되었다. 이렇게 해서 인간 유전체 계획이 시작된 것이다.

1990년에는 미국 국립보건원이 프로젝트의 통제권을 손에 쥐었다. 특히 존 설스턴이 이끄는 영국의 웰컴 재단Wellcome Foundation 생어 연구소Sanger Research Laboratory를 포함해 외국의 최고 수준 연구소들도 동참함에 따라, HGP는 예견된 2005년 목표 완료일까지 탄탄대로를 걸을 것으로 보였다. 그러나 사실은 멀리서 폭풍이 몰려오고 있음을 알아챈 사람은 거의 없었다.

Robert Waterstone은 《사이언스》의 지면을 빌려 "제 잇속만 차리는 짓이다. 막대한 비용이 드는 어려운 문제들을 회피하고 그 대신 학계에 떠넘기려는 속셈이 분명하다"라며 더욱 강도 있게 비난했다. 인간 유전체가 상업화되는 것의 위험성에 대해 심각한 우려를 표하는 인사들도 있었다. 존 설스턴John Sulston,

1942~은 "세계 자본주의가 인간 유전체를 완전히 통제하게 된다면, 실로 매우 나쁜 소식일 것이다. 이것은 어느 한 사람이 좌지우지할 일이 아니라고 생각한다"라고 경고하기도 했다. 벤터는 이 비난을 흘려들었다. "내가 자꾸 돌파구를 찾아내기 때문에 요즈음 나는 그들에게 눈엣가시가 되고 있다. 라이벌이 있다는 것이 그들에게는 어떤 식으로든 용납되지 않는 모양이다."

백악관이 중재한 피자 조약

벤터의 셀러라가 인간 유전체 분석을 경쟁으로 몰아가자 상황은 금세 전면전으로 확대되었다. 벤터는 "내가 저들의 입장이었더라도 화가 나고 위협을 느꼈을 것 같다"라고 인정하며 계속되는 혹평에 평정을 유지하려 최선을 다했다. 물론 때때로 성을 내기도 했다. "나는 정부 돈을 단 1센트도 받지 않는

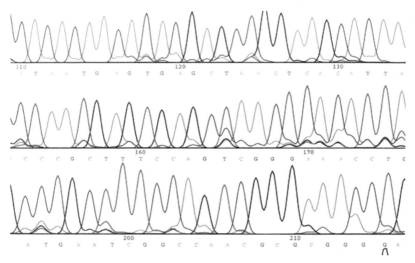

코드 판독하기

이 서열 분석기 출력지에서 보이는 네 가지 색깔은 각각 DNA 코드를 구성하는 뉴클레오티드 네 가지에 해당한다.

평화를 중재하다

크레이그 벤터(좌)와 프랜시스 콜린스(우)를 양옆에 앉힌 빌 클린턴 미국 대통령이 2000년에 인간 유전체의 최초 초안이 완성되었음을 발표하고 있다.

데 내가 왜 그들의 규칙에 따라야 하는가?" 1999년 인터뷰에서 그가 내뱉은 말이다. 그는 상당히 자기중심적인 사람이기도 했다. "내 과학 수준이 노벨상 수상자들과 견줄 만하냐고? 당연하지."

꼴사나운 다툼은 당시 미국 대통령 빌 클린턴Bill Clinton, 1946~의 노여움을 샀고, 대통령은 보좌관에게 양쪽을 한 줄로 세우라고 명령했다. 그리고 1999년 후반에 평화 회담이 시작되었다. 하지만 2000년 3월에 웰컴 재단 측에서 셀스턴이 벤터에게 보낸 타협할 수 없는 이견에 대해 언급한 편지 한 장을 공개하면서 회담은 결렬되는 듯했다. 벤터는 이 일을 "불량배나 하는 짓"이라고 평했다. 그럼에도 양자를 화해시키려는 노력은 계속되었고, 지하실에 맥주와 피자를 쌓아놓고 타개책이 철저하게 논의되었다. 빌 클린턴과 당시 영국 총리 토니 블레어Tony Blair, 1953~는 6월에 백악관에서 공식 발표 자리를 마련하고, 이때 벤터와 콜린스가 HGP와 셀러라가 공동으로 인간 유전체의 최초 초안을 완성했음을 발표하기로 했다.

많은 과학자가 안도의 숨을 내쉬었다. 휴스턴에 있는 베일러 의과대학의 리처드 깁스Richard Gibbs는 다음과 같이 말했다. "모두 아주 지긋지긋해했다. 이것으로 경주가 끝난다면, 이는 과학의 승리다." 콜린스도 비슷한 소감을 토해냈다. "지금으로부터 10년, 아니 15년 후에는 아무도 이 모든 호들갑과 근심거리에 신경도 쓰지 않을 것이다. 누가 무엇을 했느냐, 어떤 방법을 사용했느냐, 어느 돈이 정부 돈이고 어느 돈이 개인 돈이냐에 관한 이 모든 밀고 당기기는 언제 그랬느냐는 듯 잠잠해질 것이다. 그런 다음에는 태평성대가 찾아오겠지."

그러나 싸움은 아직 끝난 것이 아니었다. 결과를 언제 어떻게 발표할 것인지를 두고 또 다른 갈등이 빚어졌고, 이 지루하고 고된 작업은 대부분 서로 거친 말을 주고받는 것으로 허비되었다. 2001년 5월에는 HGP의 핵심 멤버 중 하나인 화이트헤드 연구소Whitehead Institute의 에릭 랜더Eric Lander, 1957~가 "셀러라의 산탄총 분석법은 실패작이다. 의심의 여지가 전혀 없다. 셀러라는 절대로 유전체의 염기 서열을 독립적으로 분석하지 못했다. HGP에 편승했을 뿐이다"라고 폄하하면서 이메일을 공개했다. 벤터는 당연히 이러한 행동이 반갑지 않았다. "에릭이 하는 말은 근거가 하나도 없다고 생각한다. 그가 왜 그런 말을 하는지 이해할 수 없다." 2003년이 되자 프로젝트가 거의 완성되었고 주요 참가자 대부분은 이제 다른 연구 주제에 매달리고 있다예를 들어 벤터는 에너지 위기를 해결하기 위한 새로운 생명체를 디자인하고 있다.

물리학, 천문학, 수학 분야

브라헤

튀코 브라헤

Tycho Brahe, 1546~1601

덴마크 귀족이자 제국 천문학자

우르수스

니콜라우스 라이마루스 '우르수스'

Nicolaus Reimarus Ursus, 1551~1600

독일의 돼지치기, 시종이자 제국 천문학자

˙ **분쟁 기간** 1584~1600년   ˙ **분쟁 원인** 태양계의 구성

　튀코 브라헤는 인생의 마지막 몇 년을 라이벌 천문학자와의 추한 다툼으로 보냈다. 그는 이 자가 자신의 지적 재산을 훔쳐서 자신의 것인 양 발표했다고 비난했는데, 용의자는 바로 니콜라우스 라이마루스, '곰' 혹은 라틴어로 '우르수스'라고도 불린 사람이었다. 아마도 그가 천민 출신이었기 때문에 특별히 더 브라헤의 화를 불러일으킨 것 같다. 우르수스는 브라헤의 친구 에릭 랑게 Eric Lange를 포함한 귀족들의 시종으로 전직하기 전까지 천한 돼지치기로 어린 시절을 보낸 인물이다. 1588년, 브라헤가 '세상의 시스템', 즉 우주의 모델에 관한 그의 이론을 발표한 직후에 우르수스도 아주 비슷한 내용을 발표했다. 우르수스의 저서 《기초 천문학Fundamentals of Astronomy》은 프라하에서 그를

황제 루돌프 2세의 제국 천문학자라는 지위까지 끌어올려 주었지만, 동시에 브라헤의 분노를 폭발시켰다.

죽은 라이벌에게 복수하다

몇 차례 서신 왕복이 있은 후 브라헤는 경멸하는 숙적을 상대로 소송을 제기했다. 그런데 그전에, 1584년 9월의 어느 날 랑게가 '부패한 아첨꾼' 우르수스를 거느리고 벤 섬의 우라니보르그 천문대로 브라헤를 찾아간 일이 있었다. 저녁 식사 후 브라헤는 당시 우세하던 프톨레마이오스 이론천동설, 즉 지구를 태양계와 우주의 중심으로 봄과 새로 대두한 코페르니쿠스 이론지동설, 즉 태양을 중심으로 봄을 모두 비판하는 자신의 의견을 랑게에게 설명해주었다. 브라헤는 자신의 월등한 천체 관측 목록을 바탕으로 두 학설이 모두 틀렸다고 확신했다. 그리고 분필을 사용해 자신이 개발한 시스템, 즉 태양과 달이 지구 주위를 돌고 다시 다른 행성들이 태양을 도는 그림을 식탁보에 그려 보였다. 그러고 나서 아이디어를 도둑질당할까 우려한 브라헤는 얼른 그림을 지워버렸다. "하지만 그 후에 긴 코 우르수스가 우리가 무언가를 숨긴다는 냄새를 맡았고, 식탁보에 남은 흔적과 내 서재에서 사용했던 종잇조각에서 내 가설 일부를 도용했다"라고 브라헤는 회상했다.

사실, 두 사람의 이론에는 차이점이 있었다. 우르수스의 이론에서는 지구가 매일 자전하고 화성의 궤도와 태양의 궤도가 교차하지 않지만, 브라헤의 이론에서는 두 궤도가 교차하는 것이 확실한 사실이었다. 브라헤는 1592년에 태의太醫, 황제와 황족들의 주치의-역주인 하게키우스Hagecius, 1525~1600에게 쓴 서신에 "그가 여기에 있었을 때 아이디어를 만들어냈다는 것을 자명하게 보여주는 바로 그 종잇조각"을 동봉해서 보냈다. 그리고 이런 설명을 덧붙였다. "무성의하게 끼적거린 실수투성이 그림이라서 잘못된 논문들 사이에 끼워 넣었던 것인데, 이 스케치를 모방해서 자신의 도면에 이 궤도들을 틀린 그대로 그린 것이오."

1597년, 우르수스는 항변의 글을 발표했는데, 오히려 학술지 《저널 포 더 히스토리 오브 아스트로노미Journal for the History of Astronomy》로부터 "야만적이다. …… 우르수스는 표적 선정에 탁월했다. 결투로 흉해진 브라헤의 코, 그의 결혼 생활, 그의 허영심을 공격한 것이다"라는 평을 받았다. 1599년에는 브라헤가 우르수스를 상대로 법적 조치에 들어갔지만, 우르수스는 건강 상태가 나빠져서 1600년 8월에 사망하고 말았다. 하지만 브라헤의 집념은 강했다. 그는 자신의 명예를 훼손한 우르수스의 저서들을 모두 불태워버리고 1601년 10월 세상을 떠나는 그날까지 자신의 원수에 대한 공공연한 비난을 멈추지 않았다.

갈릴레이

갈릴레오 갈릴레이

Galileo Galilei, 1564~1642
자연철학자이자 천문학자

VS

교황 우르바노

교황 우르바노 8세(Urbanus VIII), 즉
마페오 바르베리니(Maffeo Barberini, 1568~1644
교황

˙ **분쟁 기간** 1632~1642년   ˙ **분쟁 원인** 지구는 도는가

가톨릭교회는 갈릴레이를 처우하는 방식에서 교단의 오랜 지향점을 고수하고 망원경의 가치를 고집스럽게 거부했다. 이 피렌체 천문학자와 교황 간의 충돌은 그 이후로 쭉 논리를 누른 교조주의의 대표적 전형이 되어 왔다. 이야기의 시작은 갈릴레이가 망원경을 발명한 1609년으로 거슬러 올라간다. 갈릴레이는 이 망원경을 이용해서 수많은 놀라운 사실들을 발견해냈다. 특히 목성의 위성들이 마치 작은 태양계처럼 목성 주위를 공전하고 있다는 발견은 프톨레마이오스의 천동설을 뒤엎고 코페르니쿠스의 지동설에 무게를 실어주는 것이었다. 갈릴레오는 이미 1597년에도 독일 천문학자 요하네스 케플러에게 보낸 서신에서 코페르니쿠스에 대한 자신의 열정을 조심스럽게 표현한 적이

있었다. "지금까지 나는 내 생각과 반론을 감히 대중에게 공개할 용기를 내지 못했네. 우리의 위대한 스승인 코페르니쿠스께서도 손에 꼽을 불멸의 명성을 얻었지만 결국 수많은 군중 중 한 사람으로 추락하셨음을 잘 알기 때문이네."

갈릴레이의 주장이 이단으로 선언되다

망원경에 눈을 대 본 사람이라면 누구나 진실을 쉽게 알 수 있었기에 갈릴레이는 드디어 입을 열기로 결심했다. 하지만 그는 전혀 예상하지 못한 저항에 부딪혔다. 성서의 문구와 그 의미가 지구는 움직이지 않는다는 교리를 지지하는 듯했기 때문에, 고심하던 갈릴레이는 1610년에 케플러에게 다음과 같은 통탄의 글을 적어 보냈다. "친애하는 케플러, 이 식자識者라는 자들이 쇠고 집으로 충만해서 망원경을 한 번 흘끗 보는 것도 계속 거부하고 있으니 어찌하면 좋겠는가? 이것을 어떻게 이해해야 하는가? 웃어야 하는가 아니면 울어야 하는가?"

갈릴레이는 "성서에 적힌 모든 것을 알아야 한다고 어느 누가 감히 단언할 수 있겠는가?"라면서, 성서를 문자 그대로 직역해서는 안 되며 모든 문제의 해답을 성서에서 찾을 수도 없다고 주장하는 서신을 여러 곳에 돌렸다. 하지만 이런 행동은 과격 보수파 성직자들의 화를 돋울 뿐이었다. 이 중에서 도미니카 수사인 로리니Lorini 신부는 1615년 2월에 종교 재판소에 편지를 보내어 호소했다. "편지의 많은 부분에 미심쩍거나 주제넘어 보이는 내용이 있습니다. 성서 말씀이 생각하는 그런 의미가 아닐 거라는 부분이나 성서를 종교 외의 상황에 개입시켜서는 안 된다는 부분도 그렇습니다."

갈릴레이는 큰 곤경에 처했다. 그 해 4월, 막강한 권력을 자랑하던 추기경 벨라르미노Bellarminus, 1542~1621는 다음과 같은 말로 입장을 표명했다. "태양이 우주의 중심에 있다고 진심으로 확언하는 것은 성서를 부정함으로써 우리의 신앙을 상처 입히려는 의도가 담긴 극도로 위험한 태도이다." 갈릴레이는 '이해하려는 시도도 없이, 듣지도 보지도 않고' 자신의 증거를 무시하지 말아달라고 간청했다. 성서는 사람들에게 천국에 가라고 가르치기 위해 있는 것이지 천국이 어떻게 돌아가는지를 가르치기 위해 있는 것이 아니라고 주장하면서 말이다.

하지만 모든 것이 헛수고였다. 1616년 2월 23일에 갈릴레이의 지동설은 '어리석고 터무니없는 주장'이며 '공식적인 이단'이라고 만장일치로 선언되었다. 갈릴레이는 태양이 불변하는 지구의 중심이고 움직이는 것은 지구라는 의견을 포기하라고 강요받았다. 이제 이 시점부터 그는 지동설을 사실이 아닌 '가설'로만 가르칠 수 있었다. 하지만, 그가 실제로 명령과 지시를 받았는지는 확실하지 않다. 갈릴레이는 아니라고 했지만 종교 재판소는 그렇다고 했다. 이 미묘한 차이가 법적으로 중요해지는 것은 더 나중 시점이다.

종교 재판에 소환된 갈릴레이
종교 재판소에서 고초를 겪은 후 갈릴레이는 여러 해 동안 침묵을 지켰지만, 1623년 친우인 바르베리니 추기경이 교황 우르바노 8세로 선출된 후에 교황 개

이탈리아 피렌체에 서 있는 갈릴레이의 동상
피렌체는 갈릴레이가 성장기를 보내고 가택 연금 상태로 생애 마지막 시절을 살았던 도시다.

인 비서로부터 편지 한 통을 받았다. "아직 가슴속에 품고 있는 생각들을 출판할 방법을 찾고 있다면, 확신컨대 교황께서도 너그러이 용인하실 거라고 믿습니다. 당신의 연구 결과물이 세상에서 사라지도록 두어서는 안 됩니다."

이에 용기를 얻은 갈릴레이는 《두 가지 주요 우주 체계에 관한 대화Dialogue Concerning the Two Chief World Systems》 집필에 착수했다. 이 책의 내용은 심플리코 Simplico라는 이름의 우둔한 고집쟁이가 프톨레마이오스의 천동설의 편에 서서 쟁론을 펼친다는 것이었다. 1632년 드디어 책이 출판되었지만, 교황의 반응은 예상과 달랐다. 교황이 두 사람을 중재한 비서에게 살벌한 경고를 전달했던 것이다. "자네가 아끼는 갈릴레이는 알은척해서는 안 될 일에 참견하고 세상을 뒤흔들 수 있는 가장 엄숙하고 위험한 주제를 건드렸네." 교황은 갈릴레이가 '단순한 가설로서만 가르치라'는 규칙을 거스르고 자신을 심플리코라는 등장인물로 풍자하기까지 함으로써 자신을 배신했다고 생각했다.

우르바노 8세는 종교 재판을 소집하고 갈릴레이가 1616년의 명령, 당사자는 애초에 받은 적이 없다고 주장한 그 명령을 위반했다고 즉시 공표했다. 그는 종교 재판에 출석하도록 소환되었고 1633년 2월에 병들고 다친 몸으로 로마에 도착했다. 그가 좌골 신경통과 늙어가는 것 그리고 슬픔 때문에 이틀 밤 연속 울면서 신음했다는 기록이 있다.

지동설을 사실적 자연 현상으로 제시한 데 대해 유죄로 결정된 갈릴레이는 관대

갈릴레이의 망원경
갈릴레이는 자신의 망원경을 직접 디자인하고 만들었다. 그리고 이것을 사용해 직접 목격적 증거들을 가지고 선조들과 성서의 권위에 도전했다.

"나는 상도를 조금이라도 벗어나려 하면서
이 연구들에 매진하느라 쏟아부은 지난 세월을 저주한다.
나는 내 글을 세상에 내놓은 것을 후회한다.
나는 나머지 부분들을 불길 속에 던져 넣어 내 적들의
억제할 길 없는 증오심을 달래주고 싶다."

– 갈릴레이, 1633년

교회가 혹독하게 굴었더라면

가톨릭교회는 갈릴레이에 대한 비난과 재판에 관한 오해를 몇 배로 보상했다. 예를 들어서 갈릴레이는 항간의 소문처럼 고문당하거나 화형대에서 불태워지지 않았다. 또 무릎을 꿇고 지동설 철회를 선언한 후에 다시 일어서면서 'E pur si muove그래도 지구는 돈다'라고 중얼거렸다는 일화도 18세기에 처음 등장한 전설이다. 《가톨릭 백과사전Catholic Encyclopaedia》을 집필한 J. 제라드J. Gerard와 같은 교회 옹호자들은 "교권敎權에 반대하는 사람은 연금 조치를 당했다고 생각한다면 당치도 않다. 과학적 진실이 전파되면서 사람들이 계몽될 것을 교회가 두려워한 나머지 계속 그런 소문이 돌게 놔뒀을 뿐이다"라고 목소리를 높인다. 제라드는 갈릴레이가 지동설을 확실하게 증명하지 못했기 때문에 그 당시에는 의혹이 있을 만한 상황이었고 종교 재판 때문에 연행되어 있던 단 몇 주 동안도 갈릴레이가 잘 대접받았다고 지적한다. 교회는 갈릴레이그리고 교회 자신의 실추된 명예를 회복하기 위해 노력했으며 바티칸에서는 2008년에 이 위대한 남자의 동상을 세우겠다는 계획을 발표했다. "갈릴레이 사건을 끝맺고 그의 위대한 유산뿐 아니라 과학과 종교의 관계에 대해서도 분명한 이해에 도달했음을 표명하기 위함이다."

한 평결을 받게 해줄 테니 잘못을 인정하라는 압력을 받았다. 그는 이에 따랐는데, 이 결정은 때때로 그 대가가 무엇이든 믿음을 지키지 못하고 신념을 버렸다는 질타의 대상이 되곤 했다. 그러나 그 대가가 무엇이 될지 그가 추호라도 의심했다면, 불과 32년 전 조르다노 브루노Giordano Bruno, 1548~1600의 일을

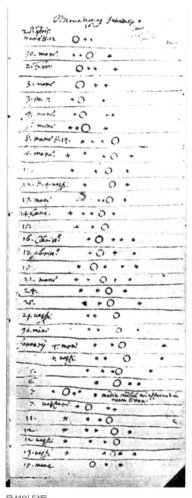

목성의 달들
갈릴레이가 1610년에 목성과 그 위성들(지금은 갈릴레이 위성으로 불린다)의 관찰 내용을 기록한 공책의 한 쪽.

떠올렸을 것이다. 브루노는 갈릴레이와 비슷한 죄목, 즉 지구가 우주의 정적인 중심이 아니라고 주장했다는 이유로 갈릴레이가 갇혔던 그 로마 감옥에 수감되어 바로 같은 사람인 벨라르미노 추기경에 의해 재판을 받은 인물이다. 브루노는 신념을 포기하기를 거부한 대가로 화형대에서 화형에 처해지고 말았다.

종교 재판소의 요구에 굴복했음에도 불구하고 갈릴레이는 6월에 '이단임이 심각하게 의심된다'는 혐의에 대해 유죄 판결을 받았다. 그리고 종교 재판소의 뜻에 따라 구금 조치해 참회 시 일곱 편성서의 〈시편〉 6, 32, 38, 51, 102, 130, 143편을 말함-역주을 3년 동안 매주 한 번씩 암송하라는 선고를 받았다. 그의 책은 금서가 되었다.

갈릴레이는 결국 자신의 작은 농가로 거처를 옮기도록 허락을 받았고

달 표면의 모습

달의 표면을 유례없이 상세하게 묘사한 1611년 갈릴레오의 그림. 그의 발견을 통해 하늘나라에는 선인들이 상상했던 것 이상의 것들이 있음이 증명되었다.

1642년에 생을 마감할 때까지 그곳에서 살았지만, 구금 생활 때문에 이미 만신창이가 된 후였다. 일각에서는 이탈리아의 르네상스가 종식되고 이탈리아가 세계 과학계의 주도권을 영원히 빼앗기게 된 데에는 특권을 부여받은 교리를 증거와 논의보다 우선시한 가톨릭교회의 잘못이 크다고 지적한다.

과학과 종교

과학과 종교 간의 대립에서 종교는 대개 기독교, 그중에서도 특히 기독교 최대 조직인 가톨릭교회를 지칭한다. 이는 현대 과학이 서구 사회를 위주로 발전했기 때문이기도 하다. 이로 인해 과학과 동양 사상 간의 관계는 보통 식민주의와 복잡하게 얽혀 있는 특징을 보인다. 서구에는 신앙과 추론, 종교와 과학 간에 있었던 지지부진한 전쟁과 관련해, 코페르니쿠스, 갈릴레이189~198쪽 참고, 다윈14~23쪽 및 42~53쪽 참고과 같은 이름들이 등장하고 누구에게나 친숙한 얘깃거리들이 많이 있다. 이 이야기들에서는 아무리 오랜 시간이 걸리더라도 이성과 진실의 힘이 무지와 독선이라는 어둠의 세력을 반드시 물리쳐낸다. 당연히, 많은 종교 평론가들이 이러한 이야기에 이의를 제기하고 사실이 아니라고 항변한다. 그렇다면 이 이야기들은 어디서 나온 것일까?

과학과 종교의 전쟁이라는 신화를 만들다

그 답은 역사를 반反종교적으로 해석하는 환원주의가 급성장한 19세기에서 찾을 수 있다. 특히 존 윌리엄 드레이퍼John William Draper, 1811~1882의 1874년 저서 《종교와 과학의 갈등사History of the Conflict between Religion and Science》가 가장 눈에 띈다. 하지만 이는 곧 앤드루 딕슨 화이트Andrew Dickson White, 1832~1918의 1896년 저서 《기독교 국가들에서 벌어진 과학과 신학의 전쟁사A History of the Warfare of Science and Theology in Christendom》에 추월당한다. 이 두 책은 갈릴레이의 이야기를 재해석해서, 현대인들에게 익숙한 방식대로 빛과 어둠 간에 있었던 극적 분열에서 종교, 특히 바티칸을 나쁜 편으로 그려놓았다. 드레이퍼는 이렇게 적고 있다. "과학은 민중의 힘을 빌어보려고 시도한 적이 결코 없다. 과학은 단 한 사람에게도 증오를 표출하거나 어느 누구도 사회적으로 파멸시키려 한 적이 없다. 과학은 자신의 사상을 옹호하거나 고취할 목적으로 어느 누구에게도 절대로 정신적 고통을 주거나, 신체적 고문을 가하거나, 죽음에 이르게 하지 않는다. 과학은 잔인함과 범죄에 물들지 않고 스스로를 드러낸다. 하지만 바티칸은 어떠한가. 종교 재판을 상기해보자. 지금은 선홍색으로 물든 두 손을 들고 가장 자비로우신 주에게 호소하고 있다. 피범벅이 된 두 손으로 말이다."

교권의 방어전. 종교 개혁은 정설에 대한 도전이었기 때문에 교회에 대한 도전이기도 했다. 따라서 종교 재판소가 앞장선 반종교 개혁 운동이 일어나 신흥 자연철학을 포함한 이단을 반대함으로써 교권을 재건하고자 했다. 그림은 종교 재판소가 스페인에서 이단자들을 화형에 처하는 모습이다.

이 전통은 T. H. 헉슬리[42~53쪽 참고]에게까지 전수되어, 진화 이론에 대한 교회의 반응을 설명한 이야기가 현재 주로 알려진 버전으로 자리를 잡게 되었다. 환원주의자들에게는 보통 이렇게 정반대되는 해석을 널리 알려야 할 개인적인 동기가 있었다. 예를 들어 공인된 불가지론자였던 헉슬리는 사회적 측면뿐 아니라 학문적 영역에서도 교권에 도전하고 싶어 했다.

▪▪ 과학과 종교가 조화로웠던 시절

과학과 종교의 관계를 연구하는 현대의 학자들은 과학과 종교의 이질성을 고려해서 훨씬 더 신중한 견해를 펴는 경향이 있다. 과학 전체를 상대로 하나의 교회가 한 가지 태도로 대응한다고 말한다면 이는 잘못된 것이다. 구체적인 일례로 코페르니쿠스의 지동설에 관한 교회의 반응은 오랜 세월에 걸쳐 매우 복잡하게 변모했다. 코페르니쿠스 자신도 가톨릭 사제였던 데다가, 종교계 내에서도 지동설에 대해 열광한 무리부터 호기심을 보인 사람, 강력히 반대한 일파까지 다양한 반응을 나타냈다.

　실제로 교회가 과학적 조사 기법이 태동하는 데 일조했다는 주장도 강력하게 제기된다. 서양철학은 그 뿌리를 교회에 두고 있다. 그런데 아우구스티누스Augustinus, 354~430는 성서가 지식의 유일한 출처가 아님을 분명하게 인식하고 있었다. 게다가 성서와 함께 자연의 책Book of Nature도 필독해야 하는 것이 당시 기독교의 지배적인 전통이기도 했다. 많은 근세 과학의 위인들이 자연의 책을 읽는 것을 신성한 의무라고 여기고 과학 연구를 통해 이를 실천하는 것을 성례의 일종이라고 생각했다. 천문학자인 요하네스 케플러와 아이작 뉴턴도 모두 신앙심이 매우 독실했는데, 우주의 이성적이고 조화로운 (그리고 궁극적으로는 수학적인) 디자인을 통해 신이 권능과 경이로움을 드러낸다고 믿었다.

1889년 로마에 세워진 이단 철학자 조르다노 브루노의 동상. 교회의 공격에 화가 난 프리메이슨이 사상의 자유에 대한 교황권의 태도를 비판하는 의미로 만들었다. 브루노는 지동설을 지지해 종교 재판에서 "나는 움직이는 것은 지구이고 창공 혹은 하늘은 움직이지 않는다는 이론을 확실한 근거를 바탕으로 논리적으로 세웠고, 이 이론은 성서의 권위를 무시하지 않는다"라고 논변한 인물이다. 그는 1600년에 화형대에서 화형을 당했다.

　문제는 일부 성서 구절, 특히 지구와 태양의 운동에 관한 구절들을 글자 그대로 믿는 것이 맞는가를 두고 발생했다. 예를 들어, 〈여호수아〉 10장 13절에는 "해는 중천에 멈추어"라고 적혀 있지만, 〈이사야〉 40장 22절은 "지구의 대기권 위에 …… 하늘을 엷은 포목인 양 펴시고"라고 되어 있다. 갈릴레이는 "몇몇 성서 문구들은 엄밀하게 문자 그대로 받아들이면 사실과 달라 보인다"고 말하려고 했지만 상황은 녹록하지 않았다. 과격한 반대파 한 명이 실제로는 갈릴레이가 "몇몇 성서 문구들은 문자 그대로 해석하면 틀렸다"라고 적었다며 바티칸에 고해바쳤을 때가 특히 심했다.

　개괄적으로 말하자면, 과학과 교회는 확실성과 불확실성과 같은 논제를 두고 충돌했다고 볼 수 있다. 과학에는 회의론이 필수적이었지만, 가톨릭교회가 종교 개혁 때문에 골머리를 앓다가 기존 입장을 고수하기로 결정했던 당시 상황에서 이는 권위에 대한 도전이었다. 하지만 이런 시대였어도 바티칸은, 특히 현실적 목적을 위해서인 경우에는, 과학에 마음의 문을 열어주기도 했다. 일례로 바티칸 천문대를 살펴보자. 시간을 거슬러 올라가 1582년에 교황 그레고리오 13세Gregorius XIII, 1502~1585는 달력 개혁에 대한 조언을 구하기 위해 위원회를 소집했다. 교황 레오 13세Leo XIII, 1801~1903의 말을 빌면, "교황 그레고리오 13세가 탑을 세우고 당대에 가장 크고 가장 좋은 장비들을 갖추어놓으라는 명령을 내렸다. 거기서 교황은 모임을 열어 지식인들을 참석하게 하고 이들에게 달력 개정 작업을 맡겼다. 이들은 저 위에서 내리쬐는 햇살을 온몸으로 느끼면서, 과학적 설계를 통해 이전의 계산에 오류가 있음을 증명해냈다"고 한다. 18세기와 19세기를 통틀어 바티칸은 모두 세 곳에 천문대를 세웠고 1891년에 마침내 교황 레오 13세에 의해 바티칸 천문대가 공식적으로 재정립되면서 정점을 찍었다.

** 과학과 종교 사이의 새로운 긴장

개신교는 보통 자유 탐구에 더 관용적이지만, 이것은 그렇게 단순하게 설명되지는 않는다. 예를 들어 성공회의 역사가들은 성공회가 다윈주의를 반대한 것이 헉슬리 시대 이후로 심하게 과장되어 전해진다고 지적한다. 확실히 오늘날의 성공회는 과학에는 우호적이고 천지창조론이나 지적설계론 50~51쪽 참고 등의 최근 근본주의 운동에는 반대하면서 분명한 선을 긋는다. 이러한 근본주의 운동은 (기독교와 이슬람교) 모두 극단적인 종교 단체들이 과학, 특히 진화과학을 무신론적이고 비도덕적인 원수로 보는 경향이 심해지고 있음을 말해준다. 심지어 가

존 템플턴(John Templeton, 1912~2008). 평생 과학과 영적 세계에 흥미가 있었던 억만장자. 상금 규모가 세계 최대인 템플턴상은 통찰, 발견, 혹은 실제적 연구를 통해 생명의 영적 영역의 기반을 확고히 하는 데 특출한 공헌을 한 사람에게 매년 수여된다.

톨릭교회에서도 1992년에서야 주교회의에서 갈릴레이가 옳았음을 인정하고 '상호 이해 불충분으로 인해 발생한 비극적 사건'을 반성했던 것과 같이, 종교와 과학은 오랜 세월에 걸쳐 화해를 이루어냈건만 다시 새로운 긴장이 생겨나고 있다. 교황 요한 바오로 2세Ioannes Paulus II, 1920~2005는 진화론을 잘 받아들이는 것처럼 보였지만, 교황 베네딕토 16세Benedictus XVI, 1927~는 지적설계론의 편인 것으로 의심된다. 또 바티칸 천문대의 관장인 코인Coyne 신부는 이 사이비 과학 운동 지적설계론을 말함-역주에 적개심을 드러낸 바람에 직장을 잃었다.

뉴턴 VS 플램스티드

뉴턴
아이작 뉴턴
Isaac Newton, 1642~1727
과학자, 왕립협회 회장

플램스티드
존 플램스티드
John Flamsteed, 1646~1719
왕실 천문관

· **분쟁 기간** 1632~1642년   ∶ **분쟁 원인** 항성 목록

유명한 중력의 법칙을 구상하게끔 뉴턴을 처음 이끌었던 것은 그 유명한 사과가 아닌 바로 달이었다. 이 고찰의 결과는《자연철학의 수학적 원칙Phi-losophiae Naturalis Principia Mathematica》, 보통은 줄여서《프린키피아Principia》라고 하는 그의 최고 걸작으로 형상화되었다. 하지만 달은 뉴턴에게 좌절감을 안겨주기도 했다. 그는 토성 궤도와 조석 운동의 변화를 정확하게 계산해냄으로써 뉴턴식 우주 체계가 이론적으로 타당함을 입증해냈지만, 달 궤도를 완벽하게 규명하는 것이야말로 최대의 증명이 될 것이라는 점을 간과하고 있었다. 불행히도, 그가 관찰한 달 궤도는 그의 목적을 달성하기에는 부족한 면이 있었다. 게다가, '달 이론'을 중심 내용으로《프린키피아》제2판을 내겠다는 계획의 성

패는 필요한 데이터를 뉴턴에게 유일하게 제공해줄 수 있는 한 남자에게 달려 있었다. 그 사람은 바로 왕실 천문관 존 플램스티드였다.

뉴턴이 자료를 달라고 강요하다

뉴턴과 플램스티드는 몇 년 전에 서로 연락한 적이 있었다. 1680년 겨울에 두 혜성이 잇달아 관찰되면서, 두 사람은 각자 혜성이 태양에 가까워졌다가 멀어질 때 보이는 것이 아닐까라는 생각을 했던 것이다. 두 사람이 교환한 의견은 뉴턴이 중력에 대한 생각을 발전시키는 데에 보탬이 되었다. 1694년, 뉴턴은 입에 발린 말로 다시 접촉을 시도했다. "선생이 관찰한 자료는 홀로 간직하기보다는 선생이 발표한 이론과 함께 공개해서 널리 득이 되게 하고 선생의 명성을 높이게 하는 것이 맞을 것입니다. 그러면 그 이론이 얼마나 정확한지를 증명해주고 세상에서 가장 정확한 관찰자로 선생의 이름을 알리게 될 것입니다."

뉴턴은 원하는 것이 있을 때는 성질을 죽일 수 있었지만, 어리석은 행동을 참지 못하는 성격이었기 때문에 사람을 구슬리는 편지를 쓰는 재능은 없었다. 결국, 그는 관찰 자료를 달라고 플램스티드에게 요구하고 강요했다. 왕실 천문관인 플램스티드는 그 대단한 직함에도 불구하고 박봉으로 겨우 먹고 살았으며 데이터 정리를 조수에게 의존했다. 플램

뉴턴의 망원경

그의 광학 이론을 예증하기 위해 뉴턴은 렌즈 대신 거울을 사용해서 빛을 모으는 새로운 종류의 망원경을 만들었다. 하지만 그는 천문학자가 아니었기 때문에 데이터를 플램스티드에게 의존해야 했다.

스티드는 뉴턴을 도와주기 위해 이미 정리된 데이터 일부를 제공했지만, 정리 과정에서 조수의 실수가 있었다. 뉴턴은 고마워하지 않았다. "내가 원하는 것은 선생의 관찰 자료이지 계산 결과가 아니오. 내 제안을 받아들이겠다면, 먼저 1692년의 관찰 자료를 나에게 보내주시오. 그러면 내가 계산해서 계산 결과 사본을 선생에게 보내주리다. 그게 싫다면 나에게 관찰 자료를 제공할 다른 현실적인 방안을 제시해주면 좋겠소. 그것도 아니면 지금까지 달 이론에 투자한 나의 모든 시간과 노력을 미련 없이 잊어야 한다고 분명하게 알려주시오." 플램스티드는 상처를 받았다. 그의 일기를 보면 "뉴턴은 성급하고, 이중적이고, 불친절하며, 거만한 사람이다"라고 적고 있다. 둘 사이의 오랜 갈등은 이렇게 시작되었다.

항성 목록을 차지하라

기본 쟁점은 플램스티드가 작성하고 있는 항성 목록의 입지에 대한 의견 차이였다. 플램스티드는 이것이 자신만의 소유이므로 완성될 때까지는 발표하지 않겠다고 결심했다. 하지만 뉴턴의 입장에서는 자신이 원하는 것을 제공하는 것이 플램스티드가 할 일이었기 때문에 1705년에 이 문제를 밀어붙였다. 뉴턴이 궁정에서의 영향력을 이용해 앤 여왕의 국서國壻, 여왕의 남편-역주인 조지 왕자를 부추겨《영국 천체 목록Historia Coelestis Britannica》의 발행을 플램스티드에게 의뢰하게 했던 것이다.

플램스티드는 질질 끌기 전략을 취했지만, 1711년에 뉴턴이 왕립 천문대 시찰을 주선하면서 또 한 번 시끄러워졌다. 후에 뉴턴과 플램스티드는 천문대의 장비를 두고 또 맞붙었다. "왕립협회 회장님뉴턴이 내 장비들을 가로챌 계획을 세웠다. 나는 아무리 협박해도 내 마음은 바뀌지 않는다고 미리 못 박고 천문대 장비들이 모두 내 소유라는 것을 보여주었다. 이것이 그를 화나게 했다."

　화가 치솟은 뉴턴은 다음과 같은 편지를 써 보냈다. "선생이 다른 방법을 제안하거나 어떠한 변명이라도 하거나 불필요하게 일을 지연시키면 여왕 폐하의 명령을 거부하겠다는 우회적인 표현으로 받아들이겠소." 10월 26일 플램스티드는 왕립협회 평의회 전에 출석하라는 명령을 받았는데, 그는 이 자리에서 일어났던 일을 일기에서 이렇게 회고했다. "분노에 찬 뉴턴은 나에게 심한 말을 퍼부었다. 애송이는 가장 참아줄 만한 단어였다. 그가 진정하고 마음을 가라앉히기만을 바라면서 그가 나에게 험한 말을 하는 만큼 나는 그에게 감사를 표했다."

　이듬해 뉴턴은 《천체 목록Historia Coelestis》을 출판하도록 플램스티드를 밀어붙이는 데 성공했고 그 다음 해에 드디어 《프린키피아》 제2판에 달 이론을 포함시킬 수 있었다. 하지만 최후의 승자는 플램스티드였다. 앤 여왕이 1715년에 서거하는 바람에 뉴턴이 궁정에서 영향력을 잃은 것

권투 시합 중인 철학자들
뉴턴이 플램스티드를 '애송이'라고 부르면서 맞서고 있는 모습의 19세기 만화.
플램스티드는 실제로 이런 모욕적 언사를 들었다고 증언했다.

이다. 플램스티드는 《천체 목록》 인쇄본을 모두 찾아내 태워버리고 1725년에 독자적으로 구성한 마지막 유작을 출판했다. '표리부동하고 악의적인 처사'에 대해 뉴턴을 비난한 원한에 찬 서문은 수십 년 동안 검열에 의해 삭제되었지만 말이다.

뉴턴은 정신병자였나?

역사상 논란을 가장 많이 자초한 과학자는 아마도 뉴턴이었을 것이다. 그는 누가 자신에게 반박하거나 반대하는 것을 싫어했을 뿐더러 무례하고, 남을 무시하고, 호전적이고, 교활하고, 포악하고, 수십 년까지도 원한을 품을 수 있는 사람이었다. 의사이자 골동품 전문가인 윌리엄 스투켈리William Stukeley, 1687~1765는 뉴턴의 인생 말년에 그와 가깝게 지내면서 뉴턴의 전기에 실을 만한 일화들을 열심히 모아서 호의적인 어조로 기록해두었다. 하지만 스투켈리조차도 "나는 왕립협회 서기관 자리에 지원하면서 당시 협회 회장이었던 뉴턴에게 먼저 물어보지 않았다. 이 사소한 실수 때문에, 아이작 경은 2, 3년 간 나를 쌀쌀맞게 대했다"고 적고 있다.

뉴턴은 정신 이상의 다른 징후도 보였다. 1693년, 그는 일종의 신경 쇠약 증세를 보이며 불안이 가득하고 미쳤다고까지 할 수 있는 내용의 편지를 친구들에게 적어 보냈다. 이 때문에 그가 수은 중독을 앓고 있다는 추측이 돌기도 했다. 하지만 그는 어렸을 때도 문제아였다. 한번은 어머니와 계부의 집에 불을 지르겠다는 협박을 한 적도 있었다. 그의 심리적 장애는 어린 시절에 버림받았던 경험에 그 원인이 있는 것으로 보인다. 뉴턴의 부친은 그가 태어나기 전에 세상을 떠났는데 세 살 때 어머니가 재혼하면서 그를 할머니 집에 맡기고 새 남편의 집으로 들어가 버렸다. 게다가 그의 전기를 보면 성욕 장애나 자폐 스펙트럼 장애까지도 짐작되는 내용이 확인된다.

뉴턴 vs 훅

뉴턴이 더 넓은 지식 세계를 처음으로 직접 목도한 것은 1670년대였다. 뉴턴은 이 시기에 그가 만든 망원경202쪽 참고을 왕립협회 평의원들에게 선보이고 빛과 색깔을 주제로 수행한 실험에 관한 논문들을 발표했다. 1672년에 그가 쓴 글을 보면, "나는 이 논문들이 철학적인 발견으로 인정되고 평가받게 하고자 한다. 나는 이 연구를 위해 이 망원경을 만들었고 또 이 연구에 이 망원경을 활용하는 것이 추호의 의심도 없이 매우 유용하다는 것을 증명해 보일 것이다"라고 쓰여 있다.

뉴턴의 광학 실험은 천재적이고 견고했다. 그러나 이 실험은 왕립협회의 영향력 있는 실험 책임자 로버트 훅Robert Hooke, 1635~1703이 직접 개척한 영역을 침범했기 때문에, 뉴턴과 그의 이론은 훅의 분노를 샀다. 그의 답변은 이랬다. "뉴턴 선생의 훌륭한 글을 정독했습니다. 하지만 색깔의 원리를 설명한 그의 가설에 관해서는, 고백하건대 확실하게 나를 납득시킬 만한 명백한 내용을 찾아볼 수 없었습니다."

뉴턴은 바로 냉정함을 잃었다. "훅이 단 한 번도 논리적으로 숙고해보지 않고 다짜고짜 부인하고 있다"고 왕립협회 서기관에게 호소하면서, 뉴턴은 다음과 같이 덧붙였다. "가장 태연하고 무심할 것이라고 제가 특히 예상했던 사람이 제 가설에 이렇게 큰 관심을 보이다니 조금 당황스럽습니다. 훅 선생 본인은 걱정되어서 저를 꾸짖는 것이라고 생각합니다만, 다른 사람의 연구에, 특히 그 연구를 진행한 이유를 잘 이해하고 있으면서도 규칙을 강요하는 것이 옳지 않다는

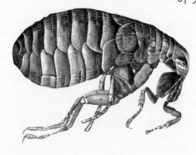

훅의 벼룩
그의 대표적인 1665년 저서 《작은 도면들》에서 훅은 현미경을 통해 보이는 신세계를 열었다. 이 책은 뉴턴에게 지대한 영향을 주었다.

것을 그도 잘 알고 있습니다."

이들의 대립은 계속되었다. 1676년 뉴턴이 광학에 관한 또 다른 논문 한 편을 내놓았는데, 훅은 다시 한번 이의를 제기했다. 뉴턴은 자신의 실험이 훅이 말한 모든 것을 뒤엎는 것이라고 인정하면서 "내가 고통스럽게 밝혀낸 연구 결과들을 잘 활용할 수 있게 그가 배려해줄 것이라고 믿는다"고 냉정하게 답변했다. 몇 주 뒤 훅에게 보낸 편지에는 지금 너무나 유명해진 바로 그 문구가 적혀 있었다. "데카르트는 훌륭한 발판을 닦아놓습니다. 당신은 이것을 훨씬 많은 측면에서 보강했지요. 만약 내가 남들보다 더 멀리 볼 수 있었다면, 그것은 내가 거인의 어깨에 올라서 있었기 때문입니다." 이 구절은 뉴턴의 독창적인 아이디어는 아니었다. 하지만 뉴턴 해설자들 중에는 거인에 비유하기에는 많이 모자랐던 훅을 일부러 모욕하기 위한 빤히 보이는 아첨이라고 해석하는 이가 많다. 저서 《짧은 생애Brief Lives》에서 존 오브리John Aubrey, 1626~1697는 훅을 "중간 정도의 키에, 구부정하고, 낯빛은 창백하며, 이목구비는 약간 아래로 쏠려 있지만, 머리는 크다"고 묘사했다.

광학에 대한 다툼 이후에 두 사람은 중력과 궤도역학을 두고 다시 충돌했다. 연구 방법과 능력 면에서 훅을 앞질렀던 뉴턴은 대부분의 측면에서 상대를 이겼다고 볼 수 있었다단 한 가지, 빛이 파동이냐 입자냐에 관한 문제는 결국 두 사람 모두 옳은 것으로 판명되었다. 그러나 뉴턴은 훅을 싫어했기 때문에 훅이 사망하기 전까지는 왕립협회 일에 관여하는 것을 꺼려했다. 뉴턴은 자신의 모든 저술에서 훅이 언급된 모든 부분을 삭제해버렸다.

뉴턴 VS 라이프니츠

아이작 뉴턴
Isaac Newton, 1642~1727
과학자, 왕립협회 회장

고트프리트 빌헬름 폰 라이프니츠
Gottfried Wilhelm von Leibniz, 1646~1716
철학자, 법률가, 외교관, 수학자, 과학자

˙ **분쟁 기간** 1684~1727년   ˙ **분쟁 원인** 미적분학 발명의 선취권

뉴턴의 가장 위대한 적은 단연 독일 대학자 라이프니츠다. 라이프니츠는 프로이센의 프리드리히 대왕Friedrich der Große, 1712~ 1786이 '그 사람 자체가 대학'이라며 높은 지성을 칭송하기도 한 인물이다. 1673년, 라이프니츠는 자신이 발명한 계산기를 소개하고 영국 지식인들과 교분을 쌓기 위해 런던을 방문했다. 그는 왕립협회 평의원으로 선출된 후 출판업자 존 콜린스John Collins, 1625~1683를 알게 되었는데, 콜린스는 철학자들에게 수학 연구의 최신 동향을 알리는 일종의 정보통 역할을 한 인물이었다.

뉴턴의 경고 vs 라이프니츠의 반격

라이프니츠는 파리로 돌아가서 다음 두 해를 중요한 연구에 매진했다. 미적분학도 이때의 산물이었다[211쪽 참고]. 그러나 문제가 하나 있었다. 명칭이 유율법으로 다르긴 했지만 뉴턴이 6년쯤 전에 이미 이 계산법을 개발한 것이었다. 기호 표기법의 측면에서는 사용하기가 훨씬 쉬운 라이프니츠의 방식이 더 우수했다. "어떤 현상의 성격을 정확하고 간단하게 표현해내서, 말 그대로 보여줄 때 기호의 강점이 가장 빛을 발한다. 기호를 사용하면 사고라는 노동을 현저하게 줄일 수 있다."

라이프니츠와 계속 연락하고 지내던 콜린스는 이 독일 학자가 뉴턴의 발견과 똑같은 내용을 구상했고 논란거리가 될 것을 예견했다는 사실을 알게 되었다. 뉴턴은 선취권을 행사하라는 권고를 받았지만, 1676년 라이프니츠에게 편지 두 통을 보내는 것으로 행동을 자제했다. 자신의 연구 성과를 암호일종의 특허로 암시한 편지의 내용은 이랬다. "현재로서는 유율법 연구를 진행할 수 없는 상황이기 때문에, 좀 묻어두고자 하오. 이렇게 말이오. 6accdae13ef-f7i3l9n4o4qrr4s8t12vx." 이 암호는 라틴어로 된 문장에서 각 단어의 문자수를 나타내는데, 해석하면 다음과 같은 뜻이 된다. "몇 가지든 변량이 들어 있는 방정식을 놓고 유율변량의 변화 비율—역주을 찾거나, 그 반대로 하면 되오." 뉴턴은 표지에 이렇게 적었다. "이것으로 라이프니츠 선생이 충분히 이해해서 내가 더 이상 편지를 보내야 하는 일이 없기를 바라오. 지금 이 시점에 이런 일들에 신경 쓰는 것은 유쾌하지 않은 방해가 되오."

뉴턴은 이것으로 문제가 해결되었다고 생각했을 것이다. 하지만 라이프니츠는 뉴턴의 말에 신경 쓰지 않고 1684년에 미적분학이라는 자신의 새로운 이론에 관한 저술을 태연스럽게 발표했다. 뉴턴에 대해서는 일언반구도 없었으며, 문제가 될 것 같은 대목에서는 이야기를 슬쩍 얼버무렸다. "뉴턴 선생이 이미 이론을 만든 것을 알고 있지만, 한 사람이 모든 것을 단 한 번에 마무리 지을 수는 없다. 한 사람이 기초를 세우면 다른 사람이 보강하고 또 다른 사람이 덧붙이는 것이 맞다."

뉴턴이 잃어버린 아이들이 재반격하다

뉴턴은 분명 대노했겠지만, 《프린키피아》 집필에 바빴기 때문에 그 밖의 문제들은 다른 사람들이 자신을 대신해서 싸우게 했다. 이러한 대리인 중에서 주로 존 월리스John Wallis, 1616~1703와 파시오 드뒤일리에Fatio de Duillier, 1664~1753, 존 케일John Keill, 1671~1721이 이어지는 몇 년 동안 라이프니츠를 지독하게 괴롭혔다. 라이프니츠가 이들을 '뉴턴이 잃어버린 아이들'이라고 부를 정도였다. 특히 월리스는 국가적 자존심을 중히 여겼는데, 1695년에 뉴턴에게 "선생

라이프니츠의 계산기
라이프니츠가 1673년에 왕립협회에 공개한 계산 도구를 복원한 것이다. 기발한 계단형 드럼 작동 방식 때문에 '계단식 계산기'라고 불렸다.

님은 선생님의 명성그리고 조국의 명성을 소중히 여기지 않으십니다. 소중한 것들을 옆에 오랫동안 방치해두다가 결국 다른 자들이 선생님의 몫인 명예를 가로채 가게 하시니 말입니다"라고 불평하기도 했다.

양측은 한 방씩 주고받았다. 파시오 드뒤일리에는 라이프니츠를 공격하는 글들을 출판해서 라이프니츠를 도발했다. "더 점잖은 뉴턴이 침묵을 지키는 것이나 라이프니츠가 매번 미적분학이 자신의 발명품이라고 목소리를 높여 주장하는 것이나 어느 쪽도 단 한 사람도 속이지 못할 것이다." 1705년 작자 미상의 평론집 《광학Opticks》은 라이프니츠가 썼다고 널리 알려져 있는데, 이 책에는 뉴턴이 악명 높은 표절자 오노레 파브리Honore Fabri, 1607~1688에 비유되어 있다. 또 1708년에는 케일이 또 다시 라이프니츠를 반박하는 의도가 뻔히

미적분학이란 무엇인가?

미적분학은 곡선의 기울기와 곡선 아래의 면적을 계산하는 수학 시스템으로서, 고대 선현들의 지혜를 뛰어넘는 성과다예를 들어, 고대 그리스인들은 옆면이 둥근 항아리나 술통의 부피를 계산해서 정확히 얼마나 많은 와인이 들어가는지를 알아내는 문제를 두고 수세기 동안 씨름했다. 움직이는 점이나 행성과 같은 물체의 속도가 시간에 따라 변하는 운동의 문제를 푸는 데에도 미적분학이 반드시 필요했다. 뉴턴과 라이프니츠 두 사람 모두의 핵심적 해결 과제는 '극한'을 어떻게 다룰 것이냐에 관한 것이었다. 극한이란 0제로에 가깝지만 정확히 0은 아닌 숫자를 말한다. 선취권을 둔 다툼은 영국 과학계에 득이 되지 않았다. 영국 수학자들은 국가적 자존심 때문에 100년 이상 동안 뉴턴의 유율법을 포기할 수 없었던 것이다. 유율법이 라이프니츠의 미적분학보다 훨씬 더 어려운데도 말이다.

보이는 글을 발표했다. 이는 결국 분노한 라이프니츠가 사과를 요구하게 만들었다.

1712년 뉴턴은 왕립협회 회장이라는 지위를 이용해 이 논란을 조사하도록 위원회를 소집했다. 조사는 공정했어야 마땅하지만 위원회는 연줄로 들어온 공무원들로만 가득했고, 뉴턴이 작성한 보고서에는 라이프니츠의 인신공격 미수 사건을 두고 사심에 찬 혹평들이 뒤따랐다. 라이프니츠는 1716년에 세상을 떠났지만 뉴턴은 여러 해가 지난 후에도 "라이프니츠의 처신에 대한 자신의 응수 때문에 그의 심장이 망가졌다"고 호언함으로써 사그라지지 않는 악감정을 드러냈다.

월리스 VS 햄던

앨프리드 러셀 월리스
Alfred Russel Wallace, 1823~1913
생물지리학자, 자연선택설의
공동창시자, 유심론자이자 지구구체론자

존 햄던
John Hampden, 1819~1891
지구편평론자

분쟁 기간 1870~1891년 **분쟁 원인** 지구는 둥근가
그 외 분쟁자 윌리엄 카펜터 William Carpenter, 1830~1896, 지구편평론자

성서에는 '세상의 네 귀퉁이'와 '대지의 기둥'을 언급하며 지구가 편평하다는 생각을 지지하는 듯하는 구절들이 있다. 이것은 땅 위에 서 있으면 누구에게나 지구가 편평해 보인다는 상식과도 일맥상통한다. 게다가 지구가 실제로는 엄청난 속도로 자전하면서 우주를 휘젓고 다니는 거대한 구ᆞᆶ라는 생각은 현실에서 매일 접하는 증거들과 모순된다. 예를 들어, 공을 위로 똑바로 던지면 바로 머리 위로 떨어진다. 공이 공중에 떠 있는 동안 지구가 몇 미터 돌아간다면 이것이 어떻게 가능하겠는가?

상금 500파운드의 올드 베드포드 레벨 실험

이 질문들에 대한 답의 일부는 고대 선조들 때부터 알고 있었고 또 일부는 갈릴레이나 뉴턴 같은 학자들이 밝혀냈다. 아주 높은 곳에서 보지 않는 한 맨눈으로 구분하기에는 지구 표면의 곡률曲率, 곡선이나 곡면이 휜 정도-역주이 너무 작기 때문에 지상의 관찰자들에게는 지구가 편평하게 보일 뿐이다. 위로 던진 공이 똑바로 떨어지는 것은 공과 지구 표면에 있는 그 밖의 모든 사물이 지구와 함께 움직이기 때문이다. 그런데 지구 표면이 휘어 있다는 다른 증거도 많이 있다. 가장 유명한 것은 '선체 사라짐' 현상인데, 선체가 시야에서 사라진 후에도 배의 돛대와 돛은 지평선 너머로 계속 보이는 것을 말한다. 지구가 편평하다는 사람들, 즉 지구편평론자들은 이 해석을 인정하지 않는다. 가장 열정적인 19세기 지구편평론자 중에 새뮤얼 로버텀Samuel Rowbotham, 1816~1884이라는 인물이 있다. '패럴랙스parallax, 시차. 관측자의 위치나 방향에 따라 물체의 위치가 달라 보이는 현상-역주'라는 필명을 사용했던 그는 희한하게 곧고 편평한 운하에서 이 해석이 틀렸음을 증명해 보이기로 결심했다. 이 운하는 바로 잉글랜드 케임브리지셔에 있는 올드 베드포드 레벨Old Bedford Level이었는데, 웰니Welney의 다리부터 올드 베드포드의 다리까지 무려 6마일10킬로미터에 걸쳐 곧게 뻗어 있었다.

당시 사회의 통념으로는 지구가 둥글다면 올드 베드포드 끝의 수면에서는 웰니 다리 아래 수면의 물체가 보이지 않아야 했다. 하지만 로버텀은 수 년 동안 이것이 틀렸음을 방문객 무리에게 보여주고 자신의 저서《회의론적 천문학Zetetic Astronomy》에 실험 결과를 설명하는 데 매진했다. 이 책의 팬이자 로버텀의 추종자였던 스윈던Swindon 출신의 존 햄던은 1870년에 지구구체론 세력지구가 구체라고 주장하는 사람들에게 도전을 선언했다. 그리고는 올드 베드포드 레벨의 새로운 실험에 참여할 사람에게 당시로서는 상당한 금액인 500파운드의 상금을 걸었다. 이 내기에 응한 것은 앨프리드 러셀 월리스였다. 월리스는 찰스 다윈과 함께 자연 선택에 의한 진화 이론을 공동 창시한 인물이었다. 그는 현명하지 못한 투자로 많은 돈을 잃은 상태였기 때문에, 측량사로서의 배경 지식그는 젊었을 때 무역 공부를 했다 십분 활용해서 지구편평론자의 의견을 쉽게 꺾고 돈을 벌 수 있을 거라고 생각했던 것 같다.

진흙탕 싸움이 되어버린 내기

햄던과 월리스는 각자 심판 역할을 할 사람을 한 명씩 골랐는데, 햄던은 같은 편인 지구편평론자 윌리엄 카펜터를 지목했다. 운하에 모인 이들은 올드 베드포드 다리에서 수면으로부터 13피트 4인치4미터 지점에 표시를 하고 운하 중간 지점에 장대를 세워 같은 높이에 원반을 올려놓았다. 그리고는 기포관 수준기평면 또는 수면의 경사를 측정하는 기구-역주가 달린 월리스의 망원경을 똑같이 수면 위 13피트 4인치 높이 지점의 웰니 다리 난간에 고정하고 운하를 관찰했다. 월리스는 그의 예상대로 중간 지점 원반이 더 멀

앨프리드 러셀 월리스
비교적 초라한 환경에서 성장한 월리스는 그에게 과학적 명성을 안겨준 박물학자로 삶을 시작하기 전에 측량사로 훈련을 받았다.

리 있는 원반보다 5피트^{1.5미터} 더 높아 보인다는 사실을 확인했는데, 지구구체설에 따라 예측된 그대로였다. 하지만 햄던과 카펜터는 기죽지 않았다. 두 사람은 뷰파인더의 십자선이 중간 지점 원반보다 위에 있는 것을 시각의 효과라고 해석해서 자신들이 맞았음이 증명되었다고 생각한 것이다.

십자선의 위치는 중요하지 않다는 것이 월리스의 입장이었기 때문에 내기는 진흙탕 싸움으로 변질되었다. 판정을 위해 호출된 심판은 측정 기기 제조 업체의 자문을 얻은 후 월리스의 손을 들어 주었고 상금은 월리스에게 돌아 갔다. 햄던과 카펜터는 격노했고, 결국 카펜터는 《더 필드^{The Field}》에 월리스의 주장과 실험 방법을 비판하는 서신을 보냈다. 이에 대해 월리스가 보낸 통 명스러운 답장에는 이렇게 적혀 있었다. "틀린 생각과 허위 진술이 이렇게 무성하면 실용적인 측지학에 그다지 정통하지 않은 독자들을 혼란스럽게 하고 오도할 것입니다." 그는 '직선'을 전혀 새로운 방식으로 정의한다면서 논란의 여지가 없는 기초적인 기하학의 문제를 터무니없이 혼동하고 왜곡시킨다고 카펜터를 비난했다. 월리스는 카펜터의 모든 반대 의견을 철저하게 무시했다. "4번 의견은 완전한 망상입니다. 5번은 근거 없는 주장입니다. 6번과 7번은 쓸데없는 말장난입니다. 8번, 9번, 10번은 순전히 C 선생^{카펜터를 말함-역주}의 머릿속에서 나온 틀린 생각입니다. 11번, 12번, 13번은 오해입니다." 그는 다음과 같이 제안하면서 말을 맺었다. "그의 장황한 논쟁은 말 그대로 가치가 없습니다. 카펜터가 망상을 계속 고집하고 싶다면, 실험과 도표로 그의 요점을 증명하고 유례없는 전혀 새로운 기하학을 정립해내야 합니다."

월리스는 햄던에 대해서는 이런 평을 했다. "나에게 보낸 편지에서 햄던 선생은 판결이 공정하지 않다며 계속 여론에 호소했습니다. 하지만, 이제 이 판결은 널리 배포된 기고문을 통해 공표된 엄연한 사실입니다. 따라서 명예를 알고 사리 분별력이 있는 사람이라면 그도 이 결정에 수긍해야 할 것입니다."

지구편평론

고대 그리스 철학자인 에라토스테네스Eratosthenes, 기원전 276~기원전 195는 태양이 바로 정수리 위에 위치하는 하지에 알렉산드리아Alexandria에서는 수직으로 세워놓은 장대에 그림자가 생기지 않지만 바로 남쪽의 시에네Syene에서는 오벨리스크에 그림자가 생겼음을 알아챘다. 이로부터 그는 지구 표면이 둥글다는 것을 추론하고 알렉산드리아에서 시에네까지의 거리를 측정한 후 기하학을 이용해서 지구 반경과 둘레를 계산해냈다. 그렇게 계산된 수치가 반경 25만 스타디아stadia 혹은 2만 4,662마일39,690킬로미터인데, 현대적 방법으로 산출된 수치보다 300마일483킬로미터 짧다. 하지만 지구가 편평하다고 믿는 사람이 여전히 너무 많았다. 게다가 6세기에 코스모스 인디코플리우스테스Cosmos Indicopleustes가 쓴 《기독교 지형학Christian Topography》 덕분에 교회는 지구구체설이 이교도라는 입장으로 돌아섰다. 성서에는 '세상의 네 귀퉁이'라는 표현이 있는데 코스모스는 하늘이 거대한 천장처럼 지구 위를 둥글게 덮고 있다고 제안했다.

이렇게 시작되어 놀랍도록 오래 생명력을 유지한 지구편평론은 19세기에 그 절정을 이루었다. 패럴랙스와 같은 지구편평론자들은 어떤 견해에 반대하는 자질이 뛰어났고 사회적 신분 덕택에 별난 성격의 인물들이 많았다. 열정적인 회의론적 학자인 블런트 부인Lady Blount은 1905년에 자신만의 탐사팀을 이끌고 올드 베드포드 레벨로 가서 사진사에게 웰니 다리 끝 지점에서 수면 아

편평한 지구와 우주의 모습

주 가까이에서 사진을 찍도록 시켰다. 사진사는 바로 아래 수면에 닿도록 베드포드 다리 모서리에 드리운 넓은 옥양목 천 전체와 수면에 비친 전경까지 모두 선명한 사진 한 장에 담을 수 있었다. 이 사진은 지구구체론자들에 게는 골칫거리였다. 이보다 몇 년 앞서서 유명한 빅토리아 시대 천문학 저술가인 리처드 프록터Richard Proctor, 1837~1888가 "베드포드 운하의 수면에서 바로 몇 인치 위 높이에서 맨눈으로 봤을 때 6마일9.7킬로미터 떨어진 곳에 수면 가까이에 있는 물체가 보인다면, 이는 분명히 현재 인정되는 이론에 어딘가 문제가 있다는 뜻이다"라고 한 적이 있기 때문이다.

월리스와 유심론

동남아시아에서 빛나는 동식물학 연구를 펼치고, 자연선택설을 공동 창시하고, 진화론에 대한 전문적 해설과 변론 활동을 한 덕분에 과학 전반에 걸쳐 많은 이들이 월리스를 추종했다. 하지만 그는 과학적 논쟁에도 자주 휘말렸다. 교령회, 영매, 망자와의 접촉과 같은 유심론에 관심이 생긴 그는 1860년대에 가장 열렬하고 유명한 유심론 지지자가 되었다. 월리스는 심령 현상의 모든 영역을 무조건적으로 받아들였으며 터무니없는 사기 혐의로 체포된 가짜 영매들을 변호했다. 유심론을 동정하던 이들조차도 이런 월리스를 강하게 비판했다. 심령연구학회Society for Psychical Research의 프레드릭 마이어스Frederick Myers, 1843~1901는 그의 '절대적 신뢰'와 '과학적 직감 혹은 훈련이 일말도 없음'을 꼬집었다. 물리학자인 올리버 로지Oliver Lodge, 1851~1940는 월리스를 "천진하고, 단순하고, 귀가 얇고, 새로운 것과 모든 주장에 귀 기울이는" 인물로 평했다. 월리스가 인간 도덕성과 정신적 진화에 관한 '이단적' 가설을 세우기 시작했을 때, 다윈은 "월리스 본인과 나의 자식자연선택설을 말함-역주을 완벽하게 살해해버렸다"며 그를 꾸짖었다.

베드포드 레벨의 전경
길고 곧게 뻗은 운하를 갖추고 있으며 유독 편평한 잉글랜드 동부의 늪지이다. 과연 이곳이 지구편평론을 증명하는 완벽한 장소였을까?

불행히도 햄던은 명예도 사리 분별력도 별로 없었던지, 이후로도 21년을 더 월리스를 따라다니며 법정에서, 지면상으로, 월리스와 가족에게 보낸 중상모략성 협박 편지를 통해 비방을 계속했다.

월리스의 아내에게 보낸 대표적인 편지 한 통을 읽어보자. "부인. 부인의 남편인 극악무도한 도둑놈이 어느 날 두개골이 산산조각 난 채로 말뚝에 박혀 귀가한다면, 그 지경이 된 이유를 부인은 알고 계실 겁니다. 그는 거짓말쟁이 도둑놈이고 그의 이름이 월리스인 한 절대로 자기 침대에서 편안히 죽지 못할 것이라는 제 말을 그에게 전해주십시오. 이런 흉악범과 함께 살아야 한다니 끔찍하시겠습니다. 부인이나 그나 제가 여기서 단념할 것이라고는 절대로 생각하지 마십시오. 존 햄던 올림." 지지부진한 법적 절차와 투옥 생활에도 불구하고 햄던은 생을 마감할 때까지 복수를 멈추지 않았고, 덕분에 월리스는 소송 비용 때문에 거의 파산 직전에 이르게 되었다.

과학계의 내기들

이 책에서 충분히 확인되듯이, 의견 충돌은 과학 발전의 원동력이다. 과학 연구 방법의 핵심은 가설을 실험으로 증명하거나 반증하는 것이지만 이러한 실험에 근거한 판단이 인정되기 전까지는 가설은 추측이자 짐작이자 의견일 뿐이다. 다른 모든 분야와 마찬가지로 과학자들 사이에서도 의견이 정반대로 갈리는 경우가 흔하다. 과학이 다른 점이 있다면 질문에는 분명한 답이 밝혀지고, 추측은 옳고 그름이 증명되고, 의견이 명백한 사실을 이길 수는 없다는 기대감이 있다는 것이다. 이 덕분에 과학은 내기거리로 넘쳐나면서도 확실한 해결책이 반드시 있고 틀림없이 결판나기 마련이다.

▪▪ 내기가 이루어낸 과학적 성과

한 과학자가 내기를 걸거나 수락하려면 일단 자신감이 있어야 한다. 하지만 초기의 일부 과학 내기들은 용기라기보다는 이기주의의 발로였던 것 같다. 1600년 천문학자 요하네스 케플러는 단 8일 만에 화성 궤도의 공식을 만들 수 있다며 라이벌인 크리스티안 롱고몬타누스Christian Longomontanus, 1562~1647와 내기를 했다. 케플러는 내기 사실을 기록했지만 판돈에 대한 언급은 없었기 때문에 실제로 5년이 걸려 공식을 완성했을 때 그가 무엇을 잃었는지는 전해지지 않는다. 그의 업적은 뉴턴의 《프린키피아》 본문에 수록될 정도로 80여 년 후에 꽃을 피우는 뉴턴 과학의 발판을 마련하는 데에 일조했다.

흥미로운 점은 《프린키피아》 역시 내기 덕분에 세상에 나올 수 있었다는 사실이다. 1684년 1월의 어느 수요일, 크리스토퍼 렌Christopher Wren, 1632~1723, 로버트 훅, 에드먼드 핼리Edmund Halley, 1656~1742 세 사람은 커피 하우스에 앉아서 철학에 관해 토론하고 있었다. 케플러는 행성의 궤도가 역제곱 법칙을 따른다는 사실을 발견했는데, 세 사람은 일찍이 뉴턴처럼 행성들이 궤도를 유지하게 하는 인력에도 이 법칙이 똑같이 적용될 것이라고 추측했다. 핼리는 조심스럽게 동의를 표하면서도, 이 원칙으로 천체 운동의 모든 법칙이 증명되고 이를 직접 확인해 보았음을 맹세할 수 있느냐고 훅을 몰아세웠다. 렌은 근거 없는 허풍으로 악명 높은 훅의 됨됨이를 잘 알

중년의 에드먼드 핼리(오른쪽). 젊었을 때는 뉴턴의 조수로 일했다. 핼리는 매력적이고 사근사근한 성격이었지만, 자신이 무신론자라는 소문을 끔찍이 싫어했던 존 플램스티드의 분노를 불러일으켰다.

성 바오로 성당 신축 계획서에 몸을 기대고 있는 크리스토퍼 렌 경(왼쪽). 이 초상화는 1666년에 불타버린 교회를 대체할 렌의 걸작이 마침내 완성된 이듬해인 1711년에 그려졌다.

고 있었다. 그래서 그는 연구를 장려하기 위해 핼리와 훅 중에 2개월 이내에 확실한 증거를 가져오는 사람은 명예를 얻는 것 외에도 40실링 짜리 수표를 상으로 주겠다는 내기를 걸었다.

훅은 기한 이내에 반드시 대중에게 발표해 보이겠다고 호언했지만, 핼리가 기억하는 바는 조금 달랐다. "렌 경은 훅 선생이 호언장담하는 것을 별로 미더워하지 않았다. 훅 선생이 렌 경에게 증명해 보이겠다고 약속했지만 말만큼 잘하고 있는지는 아직 모르겠다." 결국 두 사람 모두 내기에서 이기지 못했고, 핼리는 훅이 증거를 찾기를 2개월 이상 기다린 후에 뉴턴에게 답을 구하고자 케임브리지를 방문했다. 이 방문은 뉴턴이 《프린키피아》 집필을 시작하는 계기가 되었다.

** 과학사의 유명한 내기들

케플러와 렌은 이 분야에서 유행을 개척한 셈이다. 과학 내기는 특히 물리학과 천문학 분야에서 자주 벌어지기 때문이다. 과학 내기들에 대해 토론하는 장을 제공하는 웹사이트 롱벳츠 Long Bets의 공동 창시자인 케빈 켈리Kevin Kelly는 이렇게 설명한다. "물리학과 우주학은 본질적으로 내기로 맞붙을 시빗거리들이 많은 분야이다. 게다가 이론을 증명할 수 있는 고가의 장비들이 개발되려면 수십 년이 걸릴 수도 있기 때문에, 장기적인 베팅은 흔히 초창기의 통찰력을 믿고 해야 한다."

리처드 파인먼Richard Feynman, 1918~1988과 스티븐 호킹도 유명한 도박꾼 물리학자였다. 파인먼은 1957년에 원자 내 반응에서도 좌우 대칭이 유지되는가그렇지 않은 것으로 판명됨에 관한 내기에서 졌고, 2년 후 64분의 1인치0.4밀리미터보다 작은 모터는 만들 수 없다는 미화 1,000달러가 걸린 도전에서도 다시 한 번 패했다. 파인먼은 이 내기가 혁신적인 신기술과 신소재의 개발에 촉진제가 되기를 바랐지만 과학 기기 제조업자 빌 맥렐런Bill McLellan, 1924~2011이 기존 기술로 이 과제를 해결했기 때문에 실망을 금치 못했다.

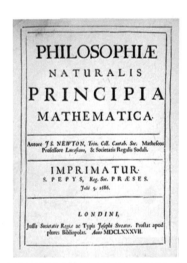

PHILOSOPHIÆ
NATURALIS
PRINCIPIA
MATHEMATICA.

Autore JS. NEWTON, Trin. Coll. Cantab. Soc. Matheseos Professore Lucasiano, & Societatis Regalis Sodali.

IMPRIMATUR·
S. PEPYS, Reg. Soc. PRÆSES.
Julii 5. 1686.

LONDINI,
Jussu Societatis Regiæ ac Typis Josephi Streater. Prostat apud plures Bibliopolas. Anno MDCLXXXVII.

뉴턴 《프린키피아》의 속표지. 일반적으로 현존하는 것 중 가장 중요하고 위대한 과학서로 평가되는 《프린키피아》 혹은 《자연철학의 수학적 원칙》은 뉴턴이 내기를 종결지으려고 방문한 핼리에게 자극을 받아서 펜을 들게 되었다. 따라서 《프린키피아》는 내기 덕분에 탄생한 셈이다.

한편 호킹은 세간의 이목이 집중된 내기에 적어도 세 번 이상 참가했다. 1974년 호킹은 자신의 전기 작가 크리스틴 라르센Kristine Larsen이 '틀림없이 전설이 될 친선 내기'라고 부른 물리학자 킵 손Kip Thorne, 1940~과의 내기에 참여했다. 이 내기의 주제는 백조자리 X-1Cygnus X-1에 블랙홀이 있는가였다. 두 사람은 다음과 같은 내용의 계약서를 작성했다. "스티븐 호킹은 일반상대성이론과 블랙홀에 엄청난 투자를 하고 보험에 의존하지만 킵 손은 보험 없이 위험천만한 인생을 사는 것을 좋아한다. …… 따라서 백조자리 X-1에 찬드라세카르 한계Chandrasekhar limit를 뛰어넘는 질량을 가진 블랙홀이 없다는 내기에 도전하며, 여기에 스티븐 호킹은 《펜트하우스Penthouse》 1년 구독권을 걸고 킵 손은 《프라이빗 아이Private Eye》 4년 구독권을 건다." 호킹은 이 내기를 일종의 분산 투자로 이용하고, 백조자리에 블랙홀이 있다는 것을 80퍼센트 확신한다면서 손에게 4대 1의 배당률을 제시했다. 블랙홀은 정말로 있었고 호킹은 정당하게 상품을 거머쥐었다.

1997년에는 호킹과 손이 동료 물리학자 존 프레스킬John Preskill, 1953~이 건 내기를 수락했다. 내기의 내용은 이랬다. "처음에는 순수한 양자 상태였다가 중력 붕괴가 일어나서 블랙홀이 형성될 때, 블랙홀이 증발한 끝의 최종 상태는 항상 순수한 양자 상태다." 호킹은 이번에도 승자가 되었는데 여전히 의기충천한 그는 2000년에 다시 한번 또 다른 내기를 받아들였다. 이번 상대는 물리학자 고든 케인Gordon Kane이었다. 이번 내기에는 가상의 입자인 힉스 입자Higgs Boson가 발견될 것이라는 데에 미화 100달러가 걸려 있었다2012년 힉스 입자가 사실상 발견됨에 따라 호킹은 자신의 패배를 인정했다─편집자주.

물리학계의 내기는 너무나 흔해서 어떤 연구실에서는 유명한 내기책이 돌기도 한다. 미국 뉴저지의 벨 연구소에는 아마도 규정 위반자에 의해 1990년에 도난당하기 전까지 수십 년 동안 내기책이 전해졌다. 더 최근에는 스탠퍼드 선형 가속기 연구소Stanford Linear Accelerator Center의 이론 연구 그룹Theory Group이 60건의 공식 내기 기록을 보유하고 있다.

◾◾ 재난을 두고 내기하다

물리학자만 내기를 하는 것은 아니다. 환경 연구가와 관련 분야 학자들이 지구의 끔찍한 미래에 대해 목소리를 높여갈수록, 회의론도 격렬해지고 있다. 어떤 경우는 한쪽에서 상대편에게 그들의 주장에 돈을 걸도록 부추긴다. 그 예로 1980년에 파울 에를리히Paul Ehrlich, 1932~와 경제학자 줄리안 사이먼Julian Simon, 1932~1998이 광물 자원 가격을 두고 한 내기가 가장 유명하다. 인구 폭발로 인한 환경 위기 예측의 전문가로 유명한 에를리히는 세계 부존자원의 수요가 증가해서 원자재 가격이 치솟을 것이라고 예측했다. 에를리히와 사이먼은 다섯 가지 광물 각각의 미화 200달러어치가 10년 후에는 얼마가 될 것이냐를 두고 내기를 했다. 1990년에 그 가치는 거의 절반이 되었고 에를리히는 내기에서 졌다. 켈리는 "사이먼의 모든 저술을 통틀어 에를리히와의 내기만큼 문화 시류에 큰 영향을 준 것은 없었다. 이 작은 내기 하나가 지구에 자원이 부족하다는 주장에 의구심을 제기함으로써 환경 운동을 변모시켰다"고 지적했다.

그러나 비관론자들은 이에 굴하지 않았다. 영국의 기후 전문가 제임스 아난James Annan은 2012년과 2017년 사이의 평균 지구 온도가 1998년과 2003년 사이의 평균 온도보다 높을 것이라는 미화 1만 달러짜리 내기를 걸었다. 2005년에 50대 1의 배당률을 요구한 기후 변화 회의론자 리처드 린젠Richard Lindzen, 1940~의 관심을 끄는 데에는 실패했지만, 다시 러시아 과학자 두 명을 이 내기에 끌어들이는 데 성공했다. 아난은 이런 말을 덧붙였다. "기후과학 분야에는 돈이 많지 않고 나는 퇴직할 때 금시계를 받고 싶다. 내기 상금은 연금 외에 짭짤할 부수입이 될 것이다."

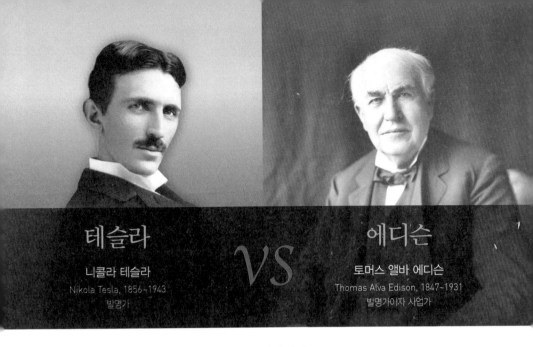

테슬라
니콜라 테슬라
Nikola Tesla, 1856~1943
발명가

VS

에디슨
토머스 앨바 에디슨
Thomas Alva Edison, 1847~1931
발명가이자 사업가

˙ 분쟁 기간 1870~1891년　**˙ 분쟁 원인** 전류 전쟁
˙˙ 그 외 분쟁자 조지 웨스팅하우스George Westinghouse, 1846~1914, 발명가이자 사업가
　　　　　해럴드 P. 브라운Harold P. Brown, 1869~1932, 전기공학자, 전기의자 발명가

전기를 만들고, 전송하고, 사용하게 하는 기술의 발명은 제2차 산업 혁명을 주도하고 전력의 시대를 열었다. 오늘날 이러한 기술 산업 혁명의 공훈 대부분이 미국의 전설적인 발명가 토머스 에디슨에게 돌려진다. 하지만 사실 박수갈채는 세르비아 발명가인 니콜라 테슬라와 그 자신도 저명한 발명가인 미국인 후원자 조지 웨스팅하우스가 받아야 마땅하다.

1880년대 초, 에디슨은 일상생활과 상업에 전기를 도입함으로써 부와 명예를 쌓았다. 뉴욕의 펄 스트리트 발전소Pearl Street Station와 같은 소규모 발전소에서 전기를 생산해 굵은 구리선을 통해 짧은 거리를 전송해서 근방의 도

> **"'빌어먹을'보다 더 약한 형용사로는
> 교류 전기를 설명할 수 없다."**
>
> – 해럴드 브라운, 1888년

로, 점포, 가정집에 불을 밝힌 것이다. 그가 구축한 시스템은 직류DC, direct current에 기반한 것이었다. 하지만, 1888년에 교류AC, alternating current에 기반한 훨씬 더 우수해 보이는 신기술이 시장에 등장했다. 이에 대한 대응책으로 에디슨은 감당할 수 없는 비용을 들여 상대편의 특허를 선취하고 자신의 시스템을 완전히 재정비하는 대신, 비열한 선전으로 신기술에 흠집을 내기로 결심했다. 보편적 표준으로 인정받고 그에 따르는 엄청난 수익을 손에 넣기 위해 두 시스템이 다투는 동안, 이 라이벌전은 전류 전쟁으로 불릴 정도로 격렬한 대립으로 치달았다.《AC/DC : 최초의 표준 전쟁의 야만적인 이야기AC/DC : The savage tale of the first standards war》의 저자인 톰 맥니콜Tom McNichol은 "AC/DC 전쟁에서 최악의 인간 본성인 자만, 허영, 잔혹성이라는 치명적인 전류가 소리 없이 흐르는 전선에 어떻게 흘러들게 되었는지"를 기술하고 있다.

값싼 교류 전기 VS 비싼 직류 전기

교류 전기 기술을 발명한 사람은 바로 유럽에서 온 괴짜 청년 니콜라 테슬라였다. 그는 에디슨의 조수로 고용되어 에디슨의 사업 파트너 찰스 배첼러 Charles Batchelor, 1845~1910가 써준 소개장 한 통을 가지고 미국으로 건너온 인물이었다. 이 소개장에는 이렇게 쓰여 있었다. "저는 위대한 남자 두 명을 알고 있습니다. 한 명은 당신이고 다른 한 명은 바로 이 젊은이입니다." 테슬라는

플로리다 포트마이어스에 있는 에디슨의 연구실
이 연구실에서 에디슨은 말년을 보내며 고무를 대체할 합성 물질을 연구했다.

교류 전기의 상용화를 불가능하게 했던 기존 기술의 한계를 극복할 수 있는
뛰어난 아이디어를 가지고 있었다. 하지만 에디슨이 자신의 아이디어를 인정
해주기에는 직류 전기 기술에 지나치게 집중했기 때문에 테슬라는 곧 실망했
다. 터빈의 설계를 개선하면 테슬라에게 미화 5만 달러를 주겠다는 구두 계약
을 에디슨이 어겼을 때 두 사람의 관계는 영원히 틀어졌다. 테슬라는 과제를
완수했지만 돌아온 것은 이 제안이 농담이었다는 말 뿐이었다. "테슬라, 자네
는 미국식 유머를 이해하지 못하나 보네."

　에디슨은 심각한 실수를 한 것이다. 테슬라는 에디슨을 떠난 후 교류 전기
를 만들고, 전송하고, 사용할 수 있는 다양한 신기술을 발명해냈다. 이 새로운
시스템은 매우 높은 전압에서도 전송이 가능해서 더 얇은 전선을 통해 직류
전기보다 더 멀리, 훨씬 더 효율적으로 전기를 전달하는 장점이 있었다. 위험
하게 높은 전압은 전송 지점에서 가정용으로 적합한 훨씬 낮은 전압으로 변

번개 마스터 테슬라

테슬라가 사방으로 엄청난 전광이 우르릉거리는 가운데 연구실에 앉아 있다. 전압을 자유자재로 다루는 그의 능력은 거의 마법처럼 보였다.

환할 수 있었다. 전선이 얇아지면 구리가 덜 필요했고 장거리 전송이 가능해지면 송전소를 덜 지어도 되었다. 교류 전기는 전기료를 크게 내릴 것임이 틀림없었다. 조지 웨스팅하우스가 테슬라의 특허를 사들여서 교류 전기를 적극적으로 홍보하기 시작하자, 에디슨은 위기에 처했고 에디슨도 자신의 상황을 잘 알고 있었다.

죽음의 전류는 무엇인가

하지만 이 전쟁에서 효율성과 비용이 유일한 무기는 아니었다. 에디슨이 마케팅과 두뇌 회전의 천재였기 때문이다. 전기는 세인들에게 새롭고 생소했고, 가장 끔찍한 공포를 소재로 한 무시무시한 이야기에 솔깃해하는 것이 대중의 심리였다. 전력 보급권 쟁탈전 때문에 전기 시설이 부실하게 설치된 곳

전기 마법사 테슬라

테슬라는 에디슨을 발명가라고 칭하고 자신은 발견자라고 불렀다. 일생 동안 그가 이룩한 '발견들'은 세상을 변화시키고 그에게 유명세를 안겨주었다. 하지만 오늘날에 그는 이상한 과학과 음모 이론으로 더 유명하다. 테슬라는 교류 전기의 특허를 웨스팅하우스에게 넘겨주고 웨스팅하우스의 회사가 나이아가라 폭포의 수력을 활용하기 위해 1893년에 건설된 대형 터빈을 포함해 많은 사회 기반 시설을 지을 수 있도록 도움을 주었다. 하지만 그 이후에 그는 초고압의 고주파수 전기에 관한 기이한 연구에 몰두하기 시작했다. 그는 다량의 전류를 털끝 하나 다치지 않고 몸으로 흘려보내면서 거품 같은 파란색 아우라를 내뿜는 장관을 연출할 수 있었다. 또 마찬가지로 그가 발명한 형광 램프에 손을 대는 것만으로 전원을 켤 정도로 전기 기술을 다루는 데 능수능란하기도 했다. 그는 이런 능력을 무대에서 시연해 보였고 그 덕분에 '전기 마법사'라는 명성을 얻었다.

후에 테슬라는 전기를 무선으로 전송하는 방법을 개발하려고 했다. 하지만, 연구 자금이 바닥나는 바람에 그의 연구는 기행에 그치거나 살인 광선, 지진 발생 무기, 날씨 조절 시스템과 같은 신기술에 대한 터무니없는 주장으로 취급받았다. 1943년 테슬라가 사망했을 때는 그의 논문을 두고 이상한 다툼이 있었다. 공식적으로 이 논문들은 조카인 유고슬라비아 외교관의 소유였지만 FBI가 관여해서 미국 정부가 압류해버렸다. 대부분은 반환되었으나 일부는 현재까지도 여전히 기밀 문서로 분류되어 있어서, 테슬라의 기술 뒤에 정부의 비밀 연구 프로젝트와 세계 종말론 세력이 있다는 의혹이 유력하게 제기되고 있다.

이 많았고, 이로 인해 '사람을 죽이는 전선' 혹은 '전선에서 또 다시 시체 발견'과 같이 충격적인 제목의 기사가 연일 신문 1면을 장식했다.

빌어먹을 죽음의 전류

미국 전역의 도시에 설치된 위험한 최신 시설에 대한 당대의 공포심을 나타낸 1891년 만화. 전기가 빠르게 보급되면서 사회 기반 시설 일부가 부실하게 설치되었고 이로 인해 감전 사고에 관한 무시무시한 소문이 나돌게 되었다.

이 시점에서 새로운 인물이 무대로 등장했다. 해럴드 브라운은 스스로를 전기 기술자로 내세우기 전에 에디슨의 전기 펜 판매원으로 사회에 발을 내디뎠다. 그는 교류 전기를 비판하는 캠페인을 주도하고 교류 전기를 '빌어먹을 죽음의 전류'라고 부르면서 직류 전기는 '완전히 무해하다'고 주장했다. 교류 전기 지지자들이 글로 직류 전기를 비판하자 브라운은 새로운 계획을 세웠다. "교류 전기가 생명에 어떤 영향을 주는지 직류 전기와 비교함으로써 내 말이 옳다는 것을 보여주어야겠다. 그들처럼 말로만 대응하는 것은 아무 소용이 없다."

에디슨은 공식적으로 브라운과 면식이 없었지만, 브라운이 앞잡이로 써먹기에 제격인 인물임을 재빠르게 눈치채고 그에게 장비를 제공하고 신뢰를 심어주었다. 브라운은 처음에는 직류 전기로 그다음에는 교류 전기로 개를 감전시키는 실험을 해서 직류 전기로는 살아남지만 교류 전기로는 그렇지 못함을 시연해 보이는 소름끼치는 프로그램을 개시했다. 1888년 중반에 브라운은 무대를 마련해, 뉴펀들랜드종의 개 한 마리를 직류 전기로 고문한 뒤에 교류 전기로 생명줄을 끊어서 교류 전기가 더 치명적임을 증명해 보이고자 했다. 이 행사는 동물 권익 단체 간부와 성난 군중이 브라운에게 본인이 전기 대결에 직접 나서보라고 요구하는 바람에 무산되었다. 브라운은 "이 실험이 중단되지 않았더라면 좋았을 것이다. 나에게는 가장 회의적인 사람들도 만족시킬 수 있을 만큼 개가 충분히 있기 때문이다"라고 항변했다.

1888년 12월에 브라운은 감전 실험의 대상을 소와 말로 바꾸었고 이듬해에는 불법적으로 구입한 웨스팅하우스의 발전기를 사용해서 최초의 전기의자를 고안했다. 《뉴욕 월드New York World》는 이 장치를 '전기 처형을 위한 매우 과학적인 장치'라고 설명했지만, 실제로는 신속하고 고통 없는 사형 집행 수단으로서 교류 전기는 최악의 방법이었다. 1890년 8월 6일, 살인범인 윌리엄

빛의 축제

전기의 변환력 덕분에 1893년 시카고 만국 박람회에서 전기 빌딩이 밤을 환하게 밝히고 있는 모습을 그린 그림. 조명과 전력의 공급 계약을 따내기 위한 치열한 난전이 있은 후, 결국 만국 박람회는 웨스팅하우스가 테슬라가 발명한 기술을 시연하는 행사가 되었다.

켐러William Kemmler, 1860~1890가 전기의자의 첫 번째 희생자가 되었다. 심장이 멎기까지는 두 번의 시도가 필요했고 이 사형 집행은 '목을 매다는 것 이상으로 훨씬 더 보기 안 좋은 끔찍한 광경'이라고 묘사된 음산한 웃음거리로 전락했다. 웨스팅하우스는 "차라리 도끼로 찍는 것이 나았을 것이다"라고 말했다.

에디슨이 꾸민 섬뜩한 쇼들은 모두 허사로 돌아갔다. 웨스팅하우스의 교류 시스템이 더 우수하고 저렴했기 때문에, 그와 제너럴 일렉트릭General Electric, 에디슨의 특허를 관리하기 위해 새로 설립된 회사이 다가오는 시카고 만국 박람회의 조명 공급 계약 입찰에 참여했을 때 웨스팅하우스는 라이벌 입찰가의 절반 가격으로 기술을 공급할 수 있었다. 1893년 5월 1일, 그로버 클리블랜드Grover Cleveland, 1837~1908 대통령이 교류 전기로 작동되는 전구 10만 개의 스위치를 켜는 순간, 전류 전쟁은 마침내 종식되었다. 제너럴 일렉트릭은 1896년에 웨스팅하우스의 특허권에 대한 상호 실시 계약을 맺고 마침내 패배를 인정했다.

못된 코끼리 탑시

전류 전쟁의 마지막 제물은 1903년에 등장했다. 그 주인공은 바로 탑시라는 이름의 불운한 코끼리 한 마리였다. 탑시는 28년 동안 미국 전역을 이리저리 끌려 다닌 서커스 코끼리였는데 열악한 관리 환경과 학대 때문에 포악하고 위험한 성격이 되고 말았다. 탑시는 텍사스에서 사육사 두 명을 죽였고 브루클린에서 불붙은 담배를 먹이려던 또 다른 사육사 한 명을 죽게 했다. 결국 이 코끼리를 처분하기로 결정되었지만 최선의 처형 방법을 두고 의견이 분 분했다. 에디슨이 탑시를 전기 처형할 장비를 자발적으로 제공하기 전까지는 말이다. 1,000명이 넘는 군중이 이 쇼를 보기 위해 뉴욕 코니아일랜드로 모여들었다. 몸에 6,600볼트를 흘려보내기 전에 탑시에게 청산가리가 섞인 당근 1파운드0.5킬로그램가 사료로 제공되고 구리를 덧댄 샌들이 신겨졌다. 《뉴욕 타임스New York Times》는 이 이벤트를 '너무나 수치스러운 사건'으로 표현하면서 "숨소리도 나지 않았고 미동조차 없었다"고 보도했다. 《커머셜 애드버타이저Commercial Advertiser》 1903년 1월 5일자에 실린 '못된 코끼리, 처형되다'라는 제목의 기사에는 '덩치 큰 짐승이 단 한마디의 울부짖음이나 신음 소리도 없이 죽었다'고 적혀 있다.

에디슨은 이 안쓰러운 쇼를 필름에 담았고 이 영상은 전국을 돌며 수만 명에게 상영되었다. 2003년에 이르러 코니아일랜드 박물관은 탑시를 기리는 전시회를 열었는데, 예술가인 개빈 헥Gavin Heck과 리 디가드Lee Deigaard가 디자인한 것이었다. 디가드는 BBC와의 인터뷰에서 "탑시는 못된 코끼리라고 알려졌지만, 나쁜 아이가 아니었다"고 피력했다. 한편 헥은 "이렇게 오래된 이야기가 이렇게 많은 관심을 불러일으키고 사람들에게 어필할 수 있다는 것에 놀랐다"고 소감을 밝혔다.

호일

프레드 호일
Fred Hoyle, 1915~2001
천체물리학자

VS

라일

마틴 라일
Martin Ryle, 1918~1984
전파천문학자

분쟁 기간 1950년대~2001년　**분쟁 원인** 정상 상태 vs 빅뱅

제2차 세계 대전 이후 수십 년 동안 영국의 천문학을 대표하는 얼굴은 카리스마 넘치는 천체물리학자 프레드 호일이었다. 그는 천체물리학뿐 아니라 이 분야에 대한 대중의 인지도도 새로운 차원을 끌어 올린 인물이다. 하지만 호일은 이길 수 없는 상대만 골라서 반대하는 습관이 있었기 때문에, 종종 주류 과학과 격돌했다.

전쟁 중에 레이더에 관한 중요한 연구를 완성한 후, 호일은 행성물리학이라는 흥미로운 분야로 시선을 돌렸다. 수소 원자들이 결합해서 헬륨이 만들어지는 핵반응을 통해 별들이 서로 융합한다는 사실이 증명되었지만, 나머지 원소들의 기원이 무엇인지는 여전히 미스터리였다. 호일은 미국 과학자 윌리엄

심우주 탐험가
우주를 향해 정렬된 심우주 전파 망원경들. 이 망원경은 퀘이사와 펄사 등 우주의 나이를 알려주는 전파원인 심우주의 현상을 탐구하기 위해 개발되었다.

파울러William Fowler, 1911~1995와 함께 다른 원소들이 정확히 어떻게 별에서 창조되는지를 증명해냈고, '우리는 모두 별 먼지로 만들어졌다'라는 유명한 경구를 남겼다. 수 년 후, 파울러는 이 공로를 인정받아 노벨상을 수상하게 되었지만, 호일은 여기서 배제되었다. 천문학자 패트릭 무어Patrick Moore, 1923~는 이를 두고 '명백하게 부당한 처사'라고 표현했으며 호일이 '언짢은 기분을 숨기지 않았다'고 한다.

우주는 어떻게 생겨났는가

인류 최대의 의문점이었던 '우리는 어디에서 왔는가?'의 답을 찾아낸 후, 호일은 '이 모든 것이 어디서 시작되었는가?'라는 또 다른 질문에 주목했다. 도플러 효과Doppler effect는 후퇴하는 물체는 파장이 더 긴 빛을 내뿜기 때문에 더 적색을 띄는 현상을 말한다. 이 도플러 효과에 근거할 때 멀리 있는 은하에서 도달한 빛이 적색 편이偏移 현상을 나타내는 것은 우주가 팽창함을 의미한다는 것이 알려지면서, 천문학자들은 우주가 아주 작은 것에서 시작되었다고

전파의 시대
케임브리지 근처 멀라드 천문대에 세워진 지 얼마 안 되는 전파 망원경의 1965년 모습(1마일 간격으로 배열된 망원경들 중 일부). 전방 가운데 에 있는 사람이 천문대의 공동 설립자 마틴 라일이다.

추정하기 시작했다. 우주라는 것이 아예 존재하기도 전에 어떤 시작점이 있었다는 것이다. 호일은 이 설명에 동의하지 않았다. 그 대신 친한 친구이자 동료인 토머스 골드Thomas Gold, 1920~2004가 1946년에 발표한 우주는 항상 있어 왔고 앞으로도 그럴 것이라는 주장 쪽으로 방향을 틀었다. 이후 2년 동안 호일, 골드, 그리고 동료 천체물리학자 헤르만 본디Hermann Bondi, 1919~2005는 후에 골드와 본디가 '정상 상태steady state'라고 부른 모델을 구축했다. 우주는 팽창하고 있지만 이것은 늙은 은하가 소멸하면 호일이 '연속 창조'라고 명명한 과정을 통해 새로운 은하가 이를 대체하기 때문이라는 내용이었다.

빅뱅 논쟁

라일의 전파천문학 연구가 빅뱅 이론을 공고히 했을지는 몰라도, 그 과정은 순탄하지 않았다. 1929년 에드윈 허블Edwin Hubble, 1889~1953이라는 미국 천문학자가 멀리 있는 은하가 지구에서 멀어지는 속도를 설명하는 방정식을 구상해냈는데, 이것은 사실상 우주가 팽창하는 속도였다. 이 계산 결과는 우리에게 우주의 운명을 말해준다. 우주가 영원히 팽창할 것인가 아니면 빅뱅의 반대 현상인 '대수축'이 일어나 붕괴할 것인가를 말이다. 이 공식에는 허블 상수라는 비례 상수가 들어가는데, 1메가파섹mpc 거리에 있는 은하가 멀어지는 속도를 초당 미터 단위로 효과적으로 나타낸다.

물리학에서 가장 치열했던 대결 중 하나가 바로 이 상숫값을 두고 벌어졌다. 프랑스 천문학자 제라르 드보쿨뢰르Gerard de Vaucouleurs, 1918~1995는 이 값이 대략 100이라고 주장했지만 캘리포니아 카네기 천문대의 앨런 샌디지Allan Sandage, 1926~2010는 약 50이라는 견해를 고수했다. 이 분쟁은 험악하게 변해갔다. 예를 들어, 1976년에 파리에서 열린 컨퍼런스에서는 하버드스미소니언 천체물리학 센터Harvard-Smithsonian Centre for Astrophysics의 존 허크라John Huchra, 1948~2010가 표현한 대로 "청중 앞에서 끝장날 때까지 치고받은" 일도 있었다. 이 분야의 전문가 대다수는 이 사태를 접하고 눈썹을 찌푸렸다. 캘리포니아 공과대학교의 배리 마도르Barry Madore는 이 싸움을 "거인들의 전투라기보다는 괴팍한 늙은이 두 명의 다툼"이라고 표현했다. 결국 우주 망원경을 이용한 관찰 결과, 허블 상수가 약 70(km/s)/Mpc임이 밝혀졌지만, 샌디지는 이 결과를 인정하지 않고 《사이언스》에 다음과 같은 입장을 발표했다. "여전히 논란의 소지가 남아있으며 이는 결코 해결되지 않을 것이다."

별의 요람

허블 망원경으로 보이는 우리 은하의 카리나 성단 나선 팔에 있는 어린 별들. 펄사나 퀘이사와 같이 더 오래되고 더 멀리 있는 천체들이 우주 기원에 관한 미스터리의 열쇠를 쥐고 있다.

> "나는 그 역겨운 친구가 요즘 빅뱅 이론에
> 매달리고 있다고 망설임 없이 말할 수 있다."
>
> – 프레드 호일, 《지적 우주》, 1983년

호일은 이보다 1년 전에 라디오 방송을 시작하고, 천체물리학의 흥미로운 얘기들과 궁극적 질문에 대한 해답을 찾으려는 과정을 일반 대중에게 중계하고 있었다. 이 방송은 호일의 삼촌 같은 노변담화식 진행 스타일과 웅장한 주제가 조화를 이루면서 예상치 못한 큰 인기를 누렸다. 호일이 '빅뱅'이라는 용어를 처음 언급한 것도 이 방송에서였는데, 반대파의 이론을 조롱하기 위해 사용한 것이었다.

호일의 이름은 유명세를 타고 있었지만, 동료들 사이에서는 그다지 인정받지 못했다. 그의 복수심은 전파천문학자 마틴 라일에게로 집중되었다. 라일은 광파 대신 전파를 포착하는 망원경을 사용했으며 시골 출신인 호일과 정반대로 귀족 출신에 눈부신 학력을 갖추고 있었다. 그는 바보처럼 그대로 당할 인물이 아니었다. 버나드 러벌Bernard Lovell, 1913~의 말을 빌면, "라일은 놀랍도록 독창적이고 과학적 통찰력이 너무나 기민해서 자신보다 실력이 모자라는 자들을 묵인하지 못하곤 했다"고 한다.

라일도 전쟁 중에 레이더에 관한 연구를 진행했고 종전 후에는 전파 망원경 개발을 완성하는 데 일조했다. 그는 빅뱅 모델 혹은 급팽창 모델을 지지했는데, 우주의 다른 은하에 있는 전파원을 찾는 연구를 통해 이 논란을 끝내려 했다. 호일의 연속창조론이 옳다면 은하와 전파원이 시간대와 우주 전역에 걸쳐 골고루 분포해 있어야 했다. 또, 우주가 단숨에 창조되었다는 빅뱅 모델에 따르면 대부분의 전파원이 더 오래되고 먼 곳에 있어야 했다.

시조새 사건

가장 눈에 띄는 진화 이론의 증거 중에는 다양한 아르케오프테릭스 리토그라피카Archaeopteryx lithographica의 화석이 있다. 이 조류 화석은 공룡과 현대적 새의 특징을 모두 보여주는 확실한 증거로 손꼽힌다. 영국 자연사박물관British Museum of Natural History이 소장하고 있는 화석이 특히 상태가 좋은데, 현대적 새의 것과 놀라울 정도로 비슷한 깃털의 자국을 선명하게 볼 수 있다. 진화론의 반대파는 이 시조새를 공격 대상으로 삼았다. 프레드 호일도 그중 한 사람이었다.

호일은 다윈의 진화설을 거부했다. 그 대신 지구 상의 생명체들은 우주 암석을 통해 파종되면서 번성하기 시작했고 우주로부터 새로운 변이체들이 계속 공급되었다고 주장했다. 이 모두가 지적 수준이 매우 높은 외계 문명의 계획이라는 것이었다. 호일의 배종발달설은 1970년대에 처음 등장했을 때만큼 터무니없는 것으로 치부되지는 않지만244~245쪽 참고, 진화에 대한 그의 견해는 여전히 기이해 보인다. 호일과 그의 오랜 동료 찬드라 위크라마싱Chandra Wickramasinghe, 1939~은 1986년에 영국 자연사박물관이 소장하고 있는 시조새 화석의 출처를 의심하는 책 한 권을 출판했다. 이 책에서 이들은 이 화석이 가짜라고 주장했다. "날 수 있는 파충류 화석 위에 깃털 자국을 새겨서 위조한 것이라는 게 우리 주장의 요지다." 이들의 주장에 의하면, 나머지 부분과 똑같은 재질의 석회암으로 된 콘크리트 막을 화석에 얇게 펴 바르고 그 위에 현대 새의 깃털을 놓고 눌러서 자국을 만들었다는 것이다.

호일의 주장과 증거는 전문가들의 주목을 받지 못했다. 두 사람은 직접 찍은 화석 사진의 분석 결과를 가장 강조했는데, 영국 자연사박물관은 이를 두고 이렇게 혹평했다. "이 책의 저자들이 위조를 고발한다면서 수행했다는 조사와 저급 사진은 우리 박물관의 철저한 정밀 조사나 현행 기준과는 전혀 비교가 안 된다." 고고학자 베벌리 할스테드Beverly Halstead, 1931~1991는 호일과 위크라마싱의 책에 대한 서평을 《뉴 사이언티스트New Scientist》에 기고하면서 소감을 솔직하게 드러냈다. "명예를 훼손시키는 허튼소리 일색이다. 이렇게 비열한 글을 읽게 된 것은 나의 불행이다."

정상 상태 이론이 무너지다

1955년, 라일은 옥스퍼드에서 열린 핼리 강연회에서 전파원에 관한 '케임브리지 조사 연구'의 제1차 결과를 발표하면서, 희미하지만 저 멀리에 오래된 전파원이 존재하는 것이 거의 확실하다고 장황하게 공개했다. 정상 상태 모델이 틀렸던 것이다. 호일은 자신의 명약관화한 승리를 요란스럽게 발표하는 라일이 마음에 들지 않았다. 그 때문에 나중에 케임브리지 조사 연구에 중대한 맹점이 있음이 드러났을 때 크게 기뻐했다. 다른 천문학자들이 라일의 결과를 재현할 수 없다는 것이 문제였는데 신호가 아주 약한 전파원들을 전체적으로 과대 해석한 바람에 분석에 결함이 있었다는 것이 밝혀졌다.

라일과 호일 간의 대립은 매우 첨예해졌다. 두 사람 모두 성마른 성격의 소유자였기 때문이다. 캘리포니아 대학교의 천체물리학자 버지니아 트림블은 다음과 같이 말했다. "나는 두 사람 모두를 알았는데, 어느 누구도 딱히 쉽게 어울릴 수 있는 성격이 아니었다." 라일과 동료들은 분석을 다시 수행하고 오류를 수정했지만, 신뢰는 이미 바닥에 떨어진 후였고 뒤따른 세 차례의 케임브리지 조사 연구 내내 논쟁이 잦아들지 않았다. 언론은 과학계의 다툼을 즐겁게 지켜보았다. 호일에게 반박하는 대대적인 발표가 한 차례 있었을 때는 전국구 일간지들이 이 소식을 대서특필했다. 호일은 1994년 회고록 《바람이 불어오는 그곳이 고향이다 : 한 우주학자의 인생의 단편Home is Where the Wind

Blows: Chapters from a Cosmologist's Life》에서 "내 아이들은 이 발표 때문에 한 주 내내 학교에서 시달려야 했다"고 고백하고 있다.

1961년, 개정된 제4차 케임브리지 조사 연구의 결과가 라일의 손을 들어주면서 논란을 종결짓는 것처럼 보였다. 호일은 약간 수정을 가해 재구성함으로써 자신의 이론을 살려보려고 했지만, 지금은 라일이 제시한 빅뱅 모델이 일반적으로 받아들여지고 있다_{하지만 여전히 문제점이 전혀 없는 것은 아니다}. 호일은 '실제적인 증거가 전혀 없는 그럴싸한 껍데기일 뿐'이라며 1999년까지도 빅뱅 이론이 거짓이라고 고집했다. 그는 이런 말도 했다. "왜 세상이 이 이야기를 이렇게까지 믿어주는지 정말로 알고 싶다."

비주류 과학

과학이란 지식의 접경지대에 있는 미지의 연구 분야를 탐구하는 것이다. 이런 관점에서는 모든 과학이 비주류 과학이다. 하지만 이 용어가 더 구체적인 의미로 사용될 때가 있는데, 바로 주류 과학이 잊었거나, 내버려두었거나, 완전히 무시해버린 아이디어 또는 프로젝트와 관련 있는 경우이다. 이 비주류 과학은 괴짜, 협잡꾼, 사이비 과학자들이 득실대는 구역이지만, 가끔씩 선견지명 있는 천재가 등장하기도 한다.

▪▪ 비웃음을 딛고 진실이 되다

비주류의 관심사를 추구하다가 과학이 탄생하는 경우가 있다. 근세에는 연금술사와 마법사들이 자연을 조작하고 지배할 수 있는 숨겨진 법칙과 유사성을 찾아내려고 애썼다. 이러한 법칙과 유사성은 기술의 정의로 사용하기에 참으로 유용한 표현이다. 비사秘事에서 태동한 과학의 전형적인 일례로는 뉴턴의 중력을 들 수 있다. 뉴턴은 그의 아이디어가 너무 공상적이라고 생각하는 무리들의 강경한 비판에도 불구하고 중력이 어떠한 방해도 받지 않고 먼 거리에서 작용하는 힘이라고 주장했다. '먼 거리에서 작용하는 불가사의한 힘'은 여전히 미스터리로 남아 있지만, 중력을 바탕으로 도출된 법칙, 이론, 모델이 관찰 및 실험 결과들과 잘 맞아 떨어지기 때문에 중력은 널리 인정되고 있다.

그 밖에도 많은 비주류 과학의 아이디어들이 회의론과 멸시, 조롱을 이기고 살아남아 결국 주류에 편입한다. 하늘에서 떨어지는 불덩이유성와 땅에서 발견되는 암석 덩어리운석 사이에 어떤 연관성이 있을 것이라고 추측한 철학자들은 세상의 비웃음을 샀고 이 암석들이 외계에서 온 것일 수 있다는 생각은 말 그대로 이단 취급을 받았다. 이와 비슷하게, 구상球狀 번개는 관찰 사례가 종종 보고되었음에도 불구하고 대부분의 과학자가 뜬소문으로 생각했다. 1963년 물리학자 R. C. 제니슨R. C. Jennison이 폭풍우가 몰아치는 어느 날 밤 여행 중에 불타는 구체가 승객석을 지나쳐가는 것을 직접 목격하기 전까지는 말이다.

테슬라도 비주류 과학적인 아이디어로 넘쳐나는 독보적인 인물이었지만, 결국 그의 말도 안

되는 많은 주장들이 후일 인정을 받았다. 예를 들어, 그는 자신이 텔오토마톤telautomaton이라고 부른 원격 조정 장치를 만들어냈다고 주장했는데, 전파로 조절되는 비슷한 로봇을 요즘은 흔히 볼 수 있다. 그는 또 외계의 메시지를 수신했다는 주장도 했는데, 지금은 그가 최초의 전파 망원경을 우연히 발견해낸 것일 수 있다고 여겨진다. 테슬라는 또한 전리층電離層, 대기의 외층 중 하나으로 에너지를 보내어 전선 없이도 저주파 전기를 우주로 쏘아 올릴 수 있다고 장담했다. 오늘날, 알래스카의 고주파 활성 오로라 연구 프로그램HAARP, High Frequency Active Auroral Research Programme이 바로 이런 식으로 진행되고 있다.

™™ 여전히 믿기지 않는 것들

비주류 과학의 아이디어는 유행을 탄다. 예를 들어, 지구의 생명이 소행성 또는 혜성, 성간 물질에 묻어서 옮겨진 유기물에 의해 번성했다는 배종발달설은 19세기에 인기를 얻었다가 20세기에는 유명한 과학자 프레드 호일의 지지에도 불구하고 거의 사그라졌다240~241쪽 참고. 하지만 화성의 표면에서 떨어져 나와서 지구까지 도달한 운석 ALH84001에서 박테리아 화석으로 추정되는 흔적이 발견되면서, 배종발달설은 소생했다.

하늘을 나는 자동차. 실물 비행접시인 전설적인 아브로카S/N 58-7055의 모습. 1950년대 후반에 제작된 이 혁신적인 실험용 차량은 코안다 효과Coanda effect, 토출된 기류가 볼록한 표면을 따라 흐르는 현상-역주나 수직 이착륙과 같은 비주류 과학 기술을 기반으로 한 것이었다.

그러나 비주류 과학의 아이디어 대부분은 여전히 현실과 지나치게 동떨어져 있다. 영구 작동 기계는 열역학 법칙 덕분에 불가능함이 밝혀졌고[16~17쪽 참고] 이와 관련된 '자유 에너지' 개념은 논쟁의 소지가 충분한 것으로 증명되었다. 1989년 스탠리 폰스Stanley Pons, 1943~와 마틴 플라이슈만Martin Fleischmann, 1927~2012이 발견했다고 주장한 상온 핵융합은 상당한 논란을 일으킨 바 있으며 물리학자 데이비드 굿스타인David Goodstein, 1939~은 이 분야를 이렇게 묘사하기도 했다. "과학 기득권층이 내쳐버린 분야이다. 상온 핵융합과 공인되는 과학 간에는 사실상 교차점이 전혀 없다. 이런 상황에서는 미치광이들이 득실대기 마련이다.

용어 해설

가설Hypothesis 정보를 바탕으로 했으나 아직 실험과 관찰을 통해 적절하게 시험되거나 검증되
 지 않은 추측

갈레노스 학파Galenism 고대 그리스·로마 시대 의사 갈레노스의 가르침을 바탕으로 한 의학 학파

감정 전이Transference 어린 시절에 만들어진 인간관계의 형판을 타인이나 여러 상황들에 대입하
 게 되는 과정

격변론Catastrophism 갑작스러운 천재지변이 짧게 여러 번 일어나는 식으로 지구가 변화해왔다
 는 이론

결정적 실험Experimentum crucis 뒤이어 수행될 연구의 방향을 인도해주는 실험

결정학Crystallography 고체의 원자 배열을 확인하는 과학 분야

고생물학Palaeontology 선사 시대의 생물을 연구하는 분야

고인류학Palaeoanthropology 인류 기원을 연구하는 분야

공업 암화Industrial melanism 산업 공해로 인해 선택적 압력을 받아서 생명체가 어두운 색깔을 띠
 게 되는 현상

뉴클레오티드Nucleotide 질소, 당, 인산으로 구성된 분자인 DNA의 구조적 단위로 다양한 조합으
 로 유전 코드의 순서를 결정

다지역기원설Multiregionalism 비교적 오래 전에 아프리카에서 이주해 나와서 광범위하게 분포한
 다양한 인류 종種으로부터 현생 인류가 진화했다는 이론

도플러 효과Doppler effect 전파원이 움직이면서 파장이 변하는 현상

동일과정설Uniformitarianism 여러 과정들이 일정한 속도로 일어나는 식으로 지구가 변화해왔다
 는 이론

레트로바이러스Retrovirus 숙주 세포의 DNA에 자신의 유전 물질을 복제해 넣는 바이러스

목적론Teleology 설계와 목적을 연구하는 분야

미적분학Calculus 곡선의 기울기와 그 아래의 면적을 계산하는 수학 분야

방사성 측정법Radiometry 방사능을 측정하는 방법으로 특히 연대 측정 시 활용

배종발달설Panspermia 지구의 생명은 우주에 존재하는 생명체가 옮겨옴으로써 번성했다는 이론

백신Vaccine 바이러스 병원균에 대한 방어력이 생기도록 후천적으로 면역력을 얻게 하는 방법

병원균Pathogen 숙주에 침투해 질병을 초래하거나 중독을 일으키는 등 해를 입히는 유기체

분기공Fumarole 가스와 증기가 분출되는 화산의 구멍 또는 균열

빅뱅Big Bang 단 한 점에서 최초의 팽창이 일어남으로써 우주가 창조되었다는 이론

사死바이러스 백신Killed vaccine 죽은 바이러스 조각에 노출시킴으로써 후천적으로 면역력을 얻
게 하는 방법

사이비 과학Pseudoscience 겉보기에는 과학과 비슷하지만 적절한 과학적 방법론 또는 증거로 특히
검증 가능성이 결여되어 있는 이론 또는 관행

상온 핵융합Cold fusion 실온에 가까운 온도에서 일어나는 핵융합

생물측정학Biometrics 키, IQ 등 생물학적 특성을 측정하는 분야

생生바이러스 백신Live vaccine 약독화 백신 참고

서열 분석Sequencing DNA 한 가닥 중의 뉴클레오티드 서열을 규명하는 과정

소두증Microcephaly 머리가 작아지는 질병

스콜라 학파Scholasticism 고대 사상과 종교적 권위에 바탕을 둔 철학 및 인식론 학파

실험Experiment 한 가지 또는 여러 가지의 반대 이론 또는 가설을 증명하거나 반증하는 관찰 결과
를 도출하기 위해 통제된 디자인하에서 사건을 조작하는 것

쓰레기DNAJunk DNA 유전자를 포함하지 않는 DNA

아프리카기원설Out of Africa 현생 인류가 아프리카에서 진화했으나 비교적 최근에 지구 전역에 정
착했다는 이론

약독화 백신Attenuated vaccine 살아있지만 약화된 바이러스에 노출시킴으로써 후천적으로 면역력
을 얻게 하는 방법

역제곱 법칙Inverse square law 중력의 강도가 거리 제곱의 역수에 비례한다는 법칙

연속창조론Continuous creation 늙은 은하가 소멸하면 새로운 은하가 생겨나서 이를 대체한다는
이론

유전자Gene 특정 단백질이나 단백질의 구성 성분을 발현시키는 유전 물질의 기본 단위

유전체Genome 유전 정보의 순서

인류 조상Hominid 현존하거나 멸종된 인류와 인간 조상의 종種들이 속한 유인원의 가계

인식론Epistemology 지식이 어떻게 습득되고 진실이 발견되는지를 탐구하는 연구

자연발생설Spontaneous generation 무생물에서 생명체가 발달했다는 이론

장두형Dolichocephalic 길고 갸름한 두개골 형태

장주기 지진파 활동Long-period events 지진의 가능성을 경고해주는 지진파의 패턴

적색 편이 현상Red shift 멀어지는 물체가 내뿜는 빛의 색깔이 스펙트럼의 빨간색 쪽으로 변하는
　　　　　　　　　　　현상

전파 망원경Radio telescope 광파 대신 전파를 포착하는 망원경

전파천문학Radio astronomy 가시광선 대신에 전파를 사용해 연구하는 천문학

정신분석학Psychoanalysis 지그문트 프로이트가 창시한 심리치료 학파

종 분화Speciation 진화를 통해 새로운 종이 생기는 것

지구구체론Globuralism 지구가 구체라는 믿음

지구편평론Planism 지구가 편평하다는 믿음

지동설Heliocentric theory 태양이 중심에 있고 다른 행성이 주위를 공전한다는 학설

지적설계론Intelligent Design 지적 설계자가 진화를 주도했다는 믿음

지진학Seismology 땅의 떨림을 연구하는 분야

진화Evolution 유기체가 한 세대에서 다음 세대로 넘어갈 때 일어나는 유전 물질의 변화

천동설Theory Geocentric 지구가 중심에 있고 다른 행성이 주위를 공전한다는 학설

천지창조설Creationism 신이 지구와 생명을 창조했다는 믿음

코페르니쿠스 이론Copernican system 코페르니쿠스가 제안한 태양이 태양계의 중심에 있다는 모델

태양중심천동설Geoheliocentric theory 태양이 지구 주위를 돌고 있고 그 밖의 다른 행성들이 태양
　　　　　　　　　　　　　　　　을 돌고 있다는 학설

판구조론Plate tectonics 지구 표면이 비교적 얇은 암석판으로 이루어져 있어서 용융된 핵 위를 떠
　　　　　　　　　　　다닌다는 이론

프톨레마이오스 이론Ptolemaic system 고대 그리스 천문학자 프톨레마이오스가 제안한 지구가 우
　　　　　　　　　　　　　　　　　　주의 중심에 있다는 모델

허블 상수Hubble constant 우주가 팽창하는 속도를 결정짓는 숫자

회의론Scepticism 권위와 인식론에 의문을 제기하는 철학적 견해

DNA데옥시리보핵산, deoxyribonucleic acid 유전 코드가 들어있는 복잡한 나선형 분자

K-T 경계K-T boundary 백악기의 끝과 제3기 시작을 구분하는 암석 층 사이의 경계로 K-T 멸종 사
　　　　　　　　　　건의 표식일 가능성이 있음

참고 문헌

과학자들의 대결에 관한 빛나는 족적을 남긴 책은 할 헬먼Hal Hellmann의 《과학의 위대한 대결 Great Feuds in Science》, 《의학의 위대한 대결Great Feuds in Medicine》, 《수학의 위대한 대결Great Feuds in Mathematics, John Wiley & Sons》이 있다. 《국립생물학 옥스퍼드 사전The Oxford Dictionary of National Biography》을 포함한 다른 유용하고 일반적인 자료들로는 《근대과학까지의 옥스퍼드 동반자the Oxford Companion to Early Modern Science》와 'Talk Origins Archive'란 웹사이트가 있다.

1. 지구과학 분야

- 'An interview with Bernard Chouet', ESI Special Topics, March 2005, www.esi-topics.com/volcanoes/interviews/BernardChouet.html, accessed 11 January 2009

- Victoria Bruce, *No Apparent Danger The True Story of Volcanic Disaster at Galeras and Nevado del Ruiz* (HarperCollins Publishers) 2001

- A. Hallam, *Great Geological Controversies* (Oxford University Press) 1983

- Simon LeVay, *When Science Goes Wrong: Twelve Tales from the Dark Side of Discovery* (Plume) 2008

- Matthew Rognstad, 'Lord Kelvin's Heat Loss Model as a Failed Scientific Clock', *The Age of the Earth*, www.usd.edu/esci/age/content/ failed_scientific_clocks/kelvin_cooling.html, accessed 18 January 2009

- Tim Weiner, 'The Volcano Lover', *New York Times*, 15 April 2001

- Stanley Williams and Fen Montaigne Fen, *Surviving Galeras* (Houghton Mifflin Company) 2001

2. 진화와 고생물학 분야

- Lawrence K. Altman and William J. Broad, 'Global Trend: More Science, More Fraud', *New York Times*, 20 December 2005

- M. Brake and N. Hook, 'Darwin's Bulldog and the Time Machine', *Astrobiology Magazine*, 29 January 2007

- Ronald W. Clark, *The Huxleys* (McGraw-Hill Book Co.) 1968

- Joseph D'Agnese, 'Not Out of Africa', *Discover Magazine*, 1 August 2002

- Richard Dawkins, *The Blind Watchmaker* (Penguin) 1990

- Richard Dawkins, *The God Delusion* (Bantam Press) 2006

- E. James Dixon, Bones, Boats and Bison: *Archaeology and the first colonization of the Americas* (University of New Mexico Press) 2000

- G.B. Dobson, 'The Bone Wars', *Wyoming Tales and Trails*, www.wyomingtalesandtrails.com/bonewars2.html, accessed 2 February 2009

- Stephen Jay Gould, *The Panda's Thumb* (W.W. Norton & Co.) 1980

- Bruce Grant, 'Sour grapes of wrath', *Science*, 9 August 2002

- Paul Hancock and Brian J. Skinner, Eds, *The Oxford Companion to the Earth* (Oxford University Press) 2000

- Judith Hooper, *Of Moths and Men: Intrigue, Tragedy & the Peppered Moth* (Fourth Estate) 2002

- Austen Ivereigh, 'Origin of the Specious', *America Magazine*, 12 January 2009

- Donald C. Johanson and Maitland A. Edey, *Lucy: The Beginnings of Humankind* (Simon & Schuster) 1990

- Horace Freeland Judson, *The Great Betrayal: Fraud in Science* (Harcourt) 2004

- Joel Levy, *Poison: A Social History* (Quid Publishing) 2009

- Roger Lewin, *Bones of Contention: Controversies in the Search for Human Origins* (University of Chicago Press) 1997

- Richard Lewontin, 'Dishonesty in Science', *NY Review of Books*, Vol. 51, No. 18, 18 November 2004

- Jim Mallet, 'The Peppered Moth: A black-and-white story after all', *Genetics Society News*, No. 50, January 2004

- Robin McKie, 'I've got a bone to pick with you, say feuding dinosaur experts', *Observer*, 7 September 2003

- Richard Milner, *The Encyclopedia of Evolution* (Facts on File) 1990

- 'Monte Verde Under Fire', *Archaeology*, www.archaeology.org/online/features/clovis/, 1999

- Cole Morton, 'Baron Harries of Pentregarth: Can the bishop get the monkey off his back?', *Independent on Sunday*, 8 February 2009

- Kevin Padian and Alan Gishlick, 'Books & Culture Corner: Of Moths and Men Revisited', *Christianity Today*, November 2002, http://www.christianitytoday.com/ct/2002/novemberweb-only/11-4-11.0.html

- Keith M. Parsons, *The Great Dinosaur Controversy: A Guide to the Debates* (ABC-CLIO) 2004

- Paul Raeburn, 'The Moth that Failed', *New York Times*, 25 August 2002

- Arthur M. Shapiro, 'Paint it Black', *Evolution*, Vol. 56, No. 9, 2002

- Smithsonian Museum, 'Human Ancestors Program', anthropology.si.edu/HumanOrigins/, accessed 20 January 2009

- Chris Stringer, 'Piltdown's lessons for modern science', *BBC News*, 16 October 2006, http://news.bbc.co.uk/go/pr/fr/-/1/hi/sci/tech/6054656.stm

- John Vidal, 'Bones of Contention', *Guardian*, 13 January 2005

- David Rains Wallace, *The Bonehunters' Revenge* (Houghton Mifflin) 2001

- John Noble Wilford, 'The Fossil Wars', *New York Times*, 7 November 1999

- John Noble Wilford, 'The Leakeys: A Towering Reputation', *New York Times*, 30 October 1984

- Matt Young, 'Moonshine: Why the Peppered Moth remains an icon of evolution', *TalkDesign.org*, www.talkdesign.org/faqs/moonshine.htm;, 11 February 2004

3. 생물학과 의학 분야

- Colin Beavan, *Fingerprints: The Origins of Crime Detection and the Murder Case that Launched Forensic Science* (Hyperion) 2001

- Sarah Boseley, 'Fall of the doctor who said his vitamins would cure Aids', *Guardian*, 12 September 2008

- Sarah Boseley, 'Mbeki Aids denial "caused 300,000 deaths"', *Guardian*, 26 November 2008

- Martin Brookes, *Extreme Measures: The Dark Visions and Bright Ideas of Francis Galton*

(Bloomsbury) 2004

- Phyllida Brown, 'The strains of the HIV war', *New Scientist*, 25 May 1991

- Michael Bulmer, Francis Galton: *Pioneer of Heredity and Biometry* (Johns Hopkins University Press) 2003

- Dan Charles and David Concar, 'America hoists white flag in HIV war', *New Scientist*, 8 June 1991

- Steve Connor, 'AIDS: Science stands on trial'; *New Scientist*, 12 February 1987

- Lawrence Conrad, Michael Neve, Vivian Nutton, Roy Porter and Andrew Wear, *The Western Medical Tradition: 800 BC to AD 1800* (Cambridge University Press) 1995

- John Crewdson, *Science Fictions: A Scientific Mystery, a Massive Coverup and the Dark Legacy of Robert Gallo* (Little, Brown) 2002

- Roger French, *William Harvey's natural philosophy* (Cambridge University Press) 1994

- Robert Gallo and Luc Montagnier, 'AIDS in 1988', *Scientific American*, 1988

- Gerald L. Geison, *The private science of Louis Pasteur* (Princeton University Press) 1995

- Nicholas Wright Gillham, *A Life of Sir Francis Galton: From African Exploration to the Birth of Eugenics* (Oxford University Press) 2001

- James Gleick, *Isaac Newton* (Fourth Estate) 2003

- Ben Goldacre, 'Don't dumb me down', *Guardian*, 8 September 2005

- Ben Goldacre, 'Experts say new scientific evidence helpfully justifies massive pre-existing moral prejudice', *Guardian*, 18 April 2009

- Nathan G. Hale Jr, 'Freud's Reich, the Psychiatric Establishment, and the Founding of the American Psychoanalytic Association: Professional Styles in Conflict', *Journal of the History of the Behavioural Sciences*; Vol. XV, No. 2, April 1979

- Thomas Hayden, 'A genome milestone', *Newsweek*, 3 July 2000

- John Henry, *Knowledge is Power: How Magic, the Government and an Apocalyptic Vision inspired Francis Bacon to Create Modern Science* (Icon Books) 2002

- Lisa Jardine, *Ingenious Pursuits: Building the Scientific Revolution* (Doubleday) 1999

- Horace Freeland Judson, *The Eighth Day of Creation: Makers of the Revolution in Biology* (Penguin) 1995

- Walter Kaufmann, *Freud, Adler, and Jung - Discovering the Mind, Vol. 3*, (Transaction Publishers) 1992

- Jeffrey Kluger, *Splendid Solution: Jonas Salk and the Conquest of Polo*, (Putnam) 2004

- Jeanne Lenzer, 'AIDS "dissident" seeks redemption … and a cure for cancer', *Discover Magazine*, June 2008

- Steven A. Lubitz, 'Early Reactions to Harvey's Circulation Theory', *Mount Sinai Journal of Medicine*, Vol. 71, No. 4, September 2004

- Angela Matysiak, 'The Myth of Jonas Salk', *Technology Review*, July 2005

- Paul A. Offit, *The Cutter Incident: How America's First Polio Vaccine Led to the Growing Vaccine Crisis* (Yale University Press) 2007

- David Oshinsky, *Polio: An American Story* (Oxford University Press) 2005

- Leslie Roberts, 'Controversial from the start', *Science*, 16 February 2001

- Nils Roll-Hansen, 'Experimental Method and Spontaneous Generation: The Controversy between Pasteur and Pouchet, 1859-64', Journal of the History of Medicine and Allied Sciences, XXXIV(3), 1979

- James Shreeve, *The Genome War* (Fawcett Books) 2005

- 'Sigmund Freud: Conflict and Culture', *Library of Congress*, www.loc.gov/exhibits/freud/freud01. html

- A. W. Sloan, 'William Harvey, Physician and Scientist', *South African Medical Journal*, August 1978

- John Sulston and Georgina Ferry, *The Common Thread* (Bantam Press) 2002

- Gavan Tredoux, *'Henry Faulds: the Invention of a Fingerprinter'*, December 2003, http://galton.org

- Craig Venter, *A Life Decoded: My life, my genome* (Viking) 2007

- James D. Watson, *The Double Helix* (Penguin) 1968

- Richard Westfall, *Never at Rest: A biography of Sir Isaac Newton* (Cambridge University Press) 1980

- Michael Worboys, *Spreading Germs: Disease theories and medical practice in Britain, 1865-1900* (Cambridge University Press) 2000

4. 물리학, 천문학, 수학 분야

- David Adam, 'Climate change sceptics bet $10,000 on cooler world', *Guardian*, 19 August 2005

- John Aubrey (Ed. John Buchanan-Brown), *Brief Lives* (Penguin) 2000

- Neil Baldwin, *Edison - Inventing the Century* (University of Chicago Press) 2001

- Margaret Cheney, *Tesla: Man Out of Time* (Prentice-Hall Inc.) 1981

- Owen Gingerich and Robert S. Westman. *The Wittich connection: conflict and priority in late sixteenth-century cosmology* (Diane Publishing) 1988

- James Glanz, 'What Fuels Progress in Science? Sometimes, a Feud', *New York Times*, 14 September 1999

- David Goodstein, 'Whatever Happened to Cold Fusion?', *California Institute Technology*, www.its.caltech.edu/~dg/fusion_art.html, accessed 28 March 2009

- N. Jardine, D. Launert, A. Segonds, A. Mosley and K.Tybjerg, 'Tycho v. Ursus', *Journal for the History of Astronomy*, Vol. 36, Part 1, No. 122, 2005

- Kevin Kelly, 'A Brief History of Betting on the Future', *Wired*, 10.05, May 2002

- Kristine Larsen, *Stephen Hawking: a biography* (Greenwood Publishing Group) 2005

- Robert Lomas, *The Man Who Invented the Twentieth Century* (Headline) 1999

- Tom McNichol, *AC/DC: the savage tale of the first standards war* (John Wiley and Sons) 2006

- John Michell, *Eccentric Lives and Peculiar Notions* (Thames and Hudson) 1984

- Simon Mitton, 'A truly stellar career that ended with a big bang', *Times Higher Education*, 15 April 2005

- Richard Owen and Sarah Delaney, 'Vatican recants with a statue of Galileo', *The Times*, 4 March 2008

- Peter Popham, 'Science bows to theology as the Pope dismantles Vatican observatory', *Independent*, 4 January 2008

- Edward Rosen, *Three Imperial Mathematicians: Kepler Trapped Between Tycho Brahe and Ursus* (Abaris Books) 1986

- Marc Seifer, *Wizard: The life and times of Nikola Tesla* (Birch Lane Press) 1996

- Charles H. Smith, 'Letters to the Editor Concerning the Bedford Canal "Flat Earth" Experiment', *The Alfred Russel Wallace Page*, February 2009, www.wku.edu/ ~smithch/ wallace/S162-163.htm

- Charles Webster, *From Paracelsus to Newton: Magic and the Making of Modern Science* (Cambridge University Press) 1982

- Michael White, *Isaac Newton: The last sorcerer* (Fourth Estate) 1998

찾아보기

아래의 작가와 출판사가 이 책에 그림과 사진을 사용하는 것을 허락했습니다.

(GI=Getty Images; C=Corbis; TF=Top Foto; GC=The Granger Collection, New York; SPL=Science Photo Library; IS=iStock)